U0026060

物理學家的科學講堂

理解科學家的思考脈絡
掌握世界的定律與真理

監修－**藤嶋昭**（東京理科大學 榮譽教授・光觸媒國際研究中心負責人）

著——**田中幸**（晃華學園中學高中部 教師）

結城千代子（上智大學理工學院 兼任講師）

譯——**陳識中**

從「人物」解讀科學的歷史

最近的科學技術有許多令人讚嘆的發展。我們正身處一個世界所有角落的新發現都能轉瞬間傳播到全世界的時代。

另一方面，這世上也還有很多我們不了解的現象。

我們常說地球的歷史有四十六億年，而人類的誕生距今只有短短二十幾萬年。與地球的歷史相比，可以說人類的誕生就像不久前才發生的事。其中埃及、希臘、中國等文明大約是一萬年前興起的。對比之下，近五百年、三百年，或是一百年間的科學技術發展，實在令人瞠目結舌。

本系列嘗試將科學史分為物理、化學、生物、數學、天文等幾大領域，尤其是從與人物有關的角度，來彙整各研究領域的脈絡和發展。

我們從每個領域各擷取了十五個左右的重要主題，然後又從每個主題中選出三名對該領域貢獻卓著的人物，並盡可能以淺顯易懂的方式介紹每位人物的研究成果，以及他們的研究所帶來的波及效應。

認識了研究的脈絡，便會理解這些研究者的想像力之驚人與其研究成果的重要性，進而體會到當今的科學技術發展，都是建立在前人的努力上。

本系列編撰的初衷，是想為社會大眾帶來幫助。

若有更多人能讀到此書，就是我最大的幸福。

編輯代表

藤嶋　昭

目　次

前言

從我們身邊的各種現象，到包含地球在內的宇宙之誕生與終結，現代科學都已經可以給出廣泛的說明。說到科學，有時會被分成物理、化學、生物、地球科學來看，但這四個領域本來其實是沒有分界的。因為它們全都是為了解釋這個世界而生的探究和知識。

很久很久以前，並沒有所謂科學這樣的概念，人類只是開始思考、研究、創造，嘗試許多超越單純求生的事物。這世界有許多人，喜歡觀察身邊的環境，對各種事物感到好奇，於是追究它們的關聯、原理、成因，並嘗試去預測它們。

最終科學變成一種以無論何時、何地、任何人都能辦到的驗證為根基，講求檢驗，以「實驗」為核心的思維。所謂的驗證就是反覆確認。我們常聽到可驗證性、實驗的再現性等字眼，而它們正是科學的重要之處。也就是說，只要進行與前人一樣的實驗，就能得到與前人相同的結論。而實驗的再現，一定能帶來更進一步的發展。

在各種科學中，物理學的工作是把世界的組成拆解成最基礎的元件。物理學研究的對象，包含物體的運動、結構、溫度變化、聲音和光、電、磁等等，目的是找出我們身邊萬事萬物共同的基本規則和關係。現代科學家要找出某個問題的答案時，通常會先建立假說，做出預測，然後進行「實驗」，從實驗結果找出規則。而這個方法最早就是由物理學發展而來的。還有，物理學的另一項特徵，就是會用數學式來描述世界的基本定律。

然而，在現在最尖端的物理學領域，最流行的卻是以夸克為首的基本粒子、大霹靂、黑洞等與宇宙有關的研究。從現代物理學的角度來看，發現重力

和電的真面目，都已經是老掉牙的事了。去回溯這些古老發現的足跡，乍看之下只有浪漫或歷史性的意義，對於學習科學沒有太多幫助。但這並不是事實。我敢清楚斷言，認識以前科學家的想法，對生活在現代的我們絕對有幫助。

例如，有些在現代早已被推翻的古希臘先哲亞里斯多德之思想，仍常常被現代人自然地當成常識。所以去認識這些思想是如何被推翻的非常重要。還有，出生在日本的關原之戰時代的伽利略，以及伽利略以後的科學家們的思想，直到今日依然沒有褪色。這是因為物理學是一門藉由亞里斯多德時代的思想中仍沒有的「實驗」，經過許許多多科學家的經驗積累而成的學問。因此回溯這個累積的過程同樣十分重要。

閱讀本書時的重點，除了認識那位科學家發現了什麼、發明了什麼外，更重要的是去認識他們思考的脈絡。愛因斯坦曾說「思考本身就是目的」。物理可以說是一門為「思考」提供了良好題材的學科。希望本書也能成為大家「思考」的契機。

——田中幸、結城千代子

1 力學之一（運動）

亞里斯多德
（西元前384－前322年）

觀察現象，思考如何解釋運動

伽利略
（1564－1642）

重視實驗，發現「自由落體的速度與質量無關」

笛卡兒
（1596－1650年）

以數學為武器說明「運動力學」

「運動」理論起始於西元前

讓我們來解開力學的歷史。世界各地的人們自太古時代就開始觀察天體和大自然，以及身邊事物的形狀和運動，並思考其原理和規律。一般認為古埃及、中國、印度等文明，便是以這些知識為基礎實現了連現代人也大感佩服的高度技術。在西元前776年舉辦的第一屆奧林匹克競技上，古希臘人或許是在思考要設定何種競賽條件、要比較什麼項目的時候，第一次想到了比速度的方法。這使得「運動力學」露出了曙光。

在古希臘，哲學家泰利斯（西元前625左右－前547年左右）認為「所有的事物都有其原因」，因而開始嘗試不依賴沒有根據的神話去解釋身邊的所有現象。後來亞里斯多德也實踐自己的名言「觀察物理現象是發現自然法則的第一步」，他仔細觀察了生活周遭的各種現象，留下了許多大作。還有，以發現浮力聞名的阿基米德（西元前287－前

212年）則不斷追究與液體有關的力和運動。

諸如此類的希臘知識，後來被阿拉伯人吸收，最終再次經由義大利回到歐洲。以創作『蒙娜麗莎的微笑』聞名的李奧納多·達文西（西元1452－1519年），就在摩擦力的研究上留下偉大的功績。

然後，到了16世紀後半，伽利略的出現推翻了亞里斯多德的力學觀。伽利略首次透過實驗確認，並用數學描述了運動力學，故被稱為近代科學之父。

而活躍於17世紀的笛卡兒則被譽為近代哲學之父，認為數學和用數學表示的力學定律才能構築出自然界的基本法則，因此建立了一個全新的世界觀。

亞里斯多德

亞里斯多德（西元前384－前322年）／希臘

古希臘柏拉圖（西元前約428－前347年）的學生，對邏輯學、政治學、自然科學、詩歌、戲劇等各種領域都留有精闢的思考。給予後世巨大的影響，被譽為「萬學之祖」。認為地上所有的物體都是由「火」、「風（空氣）」、「水」、「地（土）」這四種元素組成。

透過觀察現象思考出「運動」的原理

▌物體的基本「元素」有四種？

亞里斯多德很喜歡觀察生活周遭的現象，並從各種不同角度進行了相當深入的考察。亞里斯多德留下的知識體系包含了許多不同領域，說他支配了直到中世末葉的所有學問，可說一點也不為過。

本節我們要從亞里斯多德所處的思想背景，來看看他對於物體運動的發現。

在古希臘時代，包含亞里斯多德在內的哲學家們，都認為世間萬物都存在一個共同的「根本」。

原來如此，我們的生活周遭的確有各式各樣的事物。而希臘哲學家則認為，一定有一種「根本之物」是所有不同物體共通的，且這個東西就是**萬物的根源**。也就是我們今天所說的「元素」。

至於這個元素究竟是什麼？泰利斯認為是水。赫拉克利特（西元前約500年－不明）則認為是火。

而亞里斯多德則提倡**四元素說**（火、風〈空氣〉、水、地〈土〉），並以此為基礎，猜想每種元素都有其自然歸屬的地方。例如他認為最重的「地」是所有元素的中心，而「風」比它輕，所以會飄在「地」和「水」之上。同時，含有特定元素的物體，都會自然地回歸該元素自然所屬的地方。

亞里斯多德否定「地球的自轉」

亞里斯多德曾否定在今天被視為常識的「地球自轉說」。因為他認為假如地球會自轉的話，物體在掉落時不應該是直直落下的，理由是物體在落下的過程中，地球早已轉動到別的位置。換言之，若一個人站在船上高高跳起，船會在那個人停留在半空時，隨著地球轉動而往前移動，使那個人掉進水裡（右圖）。然而，實際上物體總是筆直掉落，所以亞里斯多德主張，地球應該是靜止不動的。

真的是這樣嗎？
答案在p.12、13

是元素使物體運動？

譬如，亞里斯多德解釋，因為「火」在上，「地」在下，所以含有「火」的火焰和煙霧會往上升，而含有「地」的石頭會往地面掉落。而天體屬於另一個世界，是由「第五元素」構成，又因為第五元素的自然運動方式是圓周運動，因此天體會繞著地球旋轉，不會掉到地球上。

亞里斯多德想到的解釋相當合理，皆與日常生活中可觀察到的現象一致。例如把沉重的石頭和輕盈的羽毛同時往下放，石頭會迅速筆直墜落，而羽毛會輕飄飄地慢慢降落。亞里斯多德解釋，這是因為沉重的東西含有較多的「地」元素，會比較快回到地面，所以落下的速度也快。

照此推理，亞里斯多德認為物體落下時的速度應該與物體重量成正比。

由外力推動的場合

然後，除了源自上述元素的物體原有的自然運動外，亞里斯多德也考慮了「由**外力**引起的強制運動」。譬如在推動一個大行李時，由**接觸力**（外力的一種）引起的運動。這種運動一旦不再推動就會停止。因此，亞里斯多德推論，所有物體的自然狀態都應該是靜止的。

同時，對於被扔到空中的石頭這種看似沒有外力的運動，亞里斯多德則勉強解釋為是投擲時手部的運動把空氣帶到石頭後方推動石頭，因此雖然眼睛看不到，但其實也屬於接觸力。

這個理論跟現代所知的物理原理非常不同，故下面用圖像解釋了亞里斯多德的想法和現代物理學的差異。

亞里斯多德認為，將一個重物和一個輕物同時從高處丟下，輕物會比較慢落到地面。但現代已知自由落體的速度與質量無關，兩者會同時落地，現實中輕物落地較慢是空氣阻力所致。

被推動的物體，一旦手離開後就會停止運動。這點在現代同樣已知是摩擦力造成，若移動中的物體沒有受到任何外力，將會永遠維持等速運動。

(((**外溢效應**)))

一如前述，亞里斯多德留下的知識體系非常深入地考察了世間萬物，因此對在他之後的所有學問都產生了巨大影響。特別是在13世紀時被歐洲的**神學**所吸納，被當成維繫教會權威的工具，結果，反而妨礙了中世紀以後的科學進步。

義大利畫家拉斐爾·聖齊奧的畫作「雅典學院」。畫中描繪了亞里斯多德等眾多古希臘的哲學家。此畫現收藏於梵蒂岡宮內的「簽字大廳」中。

伽利略

伽利略・伽利萊（1564 － 1642年）／義大利

出生於義大利比薩的物理學家、天文學家。父親是音樂家，因音響學的研究而聞名，伽利略用數學詮釋物理現象便是受到父親的影響。伽利略曾自己製作望遠鏡觀測天體，並將自己的發現收錄在『星際信使』一書中。伽利略是地動說的提倡者，因此受到教會的審判，晚年過得十分落魄。

重視實驗，發現「自由落體速度與質量無關」

物體是靠「動力」在飛行的嗎？

根據亞里斯多德的解釋，石頭扔出手後之所以可以持續在空中飛行，是因為後面有空氣在推動（p.11），但後代的人們始終不太能接受這個說法。

一直到14世紀，「動力（Impetus）理論」登場，這個理論認為扔擲時，手會把一種叫「動力」的東西傳遞到物體上，使其持續飛行。然而，動力會因空氣阻力等各種因素而逐漸減弱，使前進速度下降，而下落速度則會逐漸上升，是一個相當複雜的理論。而正是這個拋擲物之飛行運動的不易說明性，最終使伽利略理解了物體的運動。

斜面滑落實驗

伽利略著眼於動力理論中落下速度會增加這一點，建立了一個假說。那就是「既然物體會在掉落的過程中加速，那麼在一個完全平滑的斜面上滾落一顆球，儘管加速度比自由落體小，但理應也會加速」。然後開始反覆實驗驗證這個假說。

伽利略用水時鐘計時，讓一顆球從平滑的斜面上滾落。他依序改變斜面的角度，每種角度都實驗一百次左右，最後發現無論哪種角度，掉落距離和掉落時間的平方比都是固定的。同時，他還發現了掉落速度不會受到質量影響，推翻了亞里斯多德「重物會比輕物更快掉落」的想法。

不僅如此，根據球在滾落下坡時會加速，滾上坡會減速的結果，伽利略還推論若在一個不會減速也不會加速的水平面上，且沒有任何空氣阻力和摩擦力影響的話，這顆球將不會加速也不會減速，永遠以等速運動。

這是伽利略的思想實驗，他跳脫了亞里斯多德「物體的自然狀態是靜止」之想法，建立了「等速直線運動」的概念。

打開實驗科學的大門

假如伽利略的推論沒錯，那麼運動中的物體，只要沒有外力干涉就會永遠進行等速直線運動，如此一來就能解釋為什麼人在行駛中的船上直直往上跳，還是可以落回原地。

在船上跳起來的時候，雖然來自船的作用力消失了，但人在跳起來的瞬間也跟船同方向、同速度在運動，就算身體離開了船也還是會維持等速直線運動。

儘管船上的人是直直往上跳，但在陸地上的人看來，跳起來的人卻是在朝船的前進方向做拋體運動，所以才能像下圖一樣回到甲板上的同一位置。

其實是這樣！
（p.10「花絮」的答案）

（p.10「花絮」的答案）

地上和天界是不同世界？

　　伽利略晚年將所有研究成果整理為『兩種新科學』一書。不過伽利略雖然發現了許多力學的重要定律，卻認為這些定律只適用於地上的物體。即便伽利略從天體的觀測推論出了地動說，但仍然繼承了希臘思想中天體是由不同法則所構成的觀念。直到下一節登場的笛卡兒問世後，才打破了這條境界線。

　　『關於兩門新科學的對話』這本書，是由一個代表伽利略的虛構人物、代表亞里斯多德思想的反對者、以及一個持中立立場之第三者三人間的「對話」形式所構成。

伽利略・伽利萊『關於托勒密和哥白尼兩大世界體系的對話』的初版（佛羅倫斯，1632 年）。本書支持哥白尼提出的地動說，是伽利略的著作中最廣為人知的一部。封面插畫左側的人物是亞里斯多德，中間是托勒密，而右邊則是哥白尼。此照片攝自金澤工業大學圖書中心的藏本。

(((**外溢效應**)))

　　伽利略確立了近代科學重視實驗，用實驗驗證主宰現象的物理定律的方法。除此之外，伽利略還使用了先建立假設，再用數學式的演繹方法來推導和預測結果，最後再用實驗驗證的做學方式。同時，他更活用了衍生自哲學思考方式的思考實驗法，嘗試推理出無法用實驗驗證的真理。這個研究方法後來也被後世的科學家所繼承。

 花絮

伽利略與比薩斜塔

　　伽利略最有名的發現之一，就是單擺的等時性。所謂單擺的等時性，指的是單擺來回擺動一趟的時間與擺動的幅度無關，永遠是固定的。據說這是伽利略在義大利比薩大學念書時，觀察教堂天花板上的吊燈晃動而發現的。

　　儘管這個故事的真偽存疑，但現今比薩大教堂隔壁的墓園迴廊內，仍保存著故事中那盞吊燈。而且教堂的隔壁就能看到比薩斜塔。

比薩斜塔

笛卡兒

勒內·笛卡兒（1596 － 1650 年）／法國

精通數學，遠離當時典型的學問，前往荷蘭投身軍旅。後來在軍旅生活中與許多科學、哲學家交流，思考變得更加精闢，最終移居到荷蘭。晚年受到瑞典女王之邀前往斯德哥爾摩擔任私人教師，最後在那裡因染上肺炎而去世。提出機械論的自然觀和方法的懷疑，被稱為近代哲學之父。

以數學為武器解釋「運動力學」

力學才是統一自然界的基本定律？

笛卡兒認為人們可以使用數學方法來理解世界。同時，用數學形式表達的力學定律才是建構自然界的基本法則，而所有物體都會遵循這個法則來運動。不僅如此，笛卡兒更認為自然界就像一個被可用數學形式表達之力學定律主宰的巨大機械。

笛卡兒對自然的世界觀，完全推翻了亞里斯多德以來一直被奉為圭臬的目的論（所有物體的運動都是以趨向自己最完美的狀態為目的）。這被稱為「機械論的自然觀」，可以說笛卡兒的這個觀點為近代科學描繪出了基本的框架。

不用實驗而用思考來解答問題

笛卡兒雖然對物光學、力學等物理學都有廣泛的研究，但充其量只能說是一位邏輯縝密的思想家，而不是一個用實驗來檢驗一切的實驗物理學家。然而，他的思想本身卻非常嚴謹、縝密、且先進，為牛頓等後代的科學家開闢了道路，有劃時代的意義。

在1644年發行的『哲學原理』中，笛卡兒使用了物質和運動的概念，試圖詮釋所有的自然現象。在本書中，笛卡兒明確表達了他只承認「可被數學家用數量描述」的物質。這與現代的觀念不謀而合。

自希臘時代以來，人們一直用例如「物質的根本是地、水、火、風」等觀念來理解物質，因此研究的對象中，往往包含很多從現代角度來看根本不能稱為物質的事物。而笛卡兒的這句話就等於排除了這些東西。話雖如此，笛卡兒的思想仍以神的存在為前提，將實體分為思考和物質，與現代的自然科學並非完全一致。不過，笛卡兒已開始用原子論式的物質論和運動的概念，來解釋所有的自然現象。

所謂的原子論，就是認為所有物質都是由一種具有體積和質量的微小粒子集成而成的理論。這個理論對後世留下了巨大的影響。然而，笛卡兒的理論雖說是原子論，但他一方面把原子定義為無法被感知到的微小粒子，另一方面卻又否定粒子與粒子之間存在什麼都沒有的空間「真空」。而現代的原子論是以真空存在為前提。

用數學和力學定律描繪世界

笛卡兒曾經表示「宇宙是一個漩渦狀的集合體」，並嘗試用這個概念來解釋行星的圓周運動。他在思考天體的運動時，想出了原子論的微粒子運動理論，提示了「慣性定律」和「碰撞定律」。

儘管笛卡兒提出的理論不像牛頓（p.32）的慣性定律那麼明確，但卻第一次用力學定律對行星的運動做出了統一的解釋。

就這樣，起始於對生活經驗之觀察紀錄的運動力學，逐漸發展為能夠解釋整個宇宙的統一性理論，且為將來發現可用數學表達的物理定律打開了道路。

(((**外溢效應**)))

笛卡兒的光學和力學理論，並非建立在實驗和驗證上的現代科學理論。然而，其數學式描述方法和邏輯推理，很明顯影響了伽利略（p.12）、惠更斯（p.66）、牛頓（p.32）、楊格（p.68）等許多現代公認為科學家之人的思想。

笛卡兒不算「科學家」的原因

笛卡兒在三十二歲移居荷蘭展開隱居生活後，在那裡思考出被後世稱為「方法的懷疑」之方法論。相信大多數人都聽過他的名言「我思故我在（cogito ergo sum）」，這句話的意思，就是唯有進行懷疑思考的心智本身是無須懷疑的存在。除此之外，笛卡兒其實還肯定了另一個無須懷疑的存在，那就是上帝。笛卡兒是一名天主教徒，但他認為世界的真理並不依賴於宗教，而是可以用理性思索出來的。這點乍看之下很接近現代的科學，然而實際上仍有點不同。

人們之所以奉伽利略而非笛卡兒為近代科學之父，是因為笛卡兒把實驗的地位放在理性思考之下。事實上，笛卡兒對重視實驗的伽利略抱有負面的評價。

譬如，儘管笛卡兒的光學理論建立在其宇宙論根基的數學和力學之上，但完全只是紙上空談的理論。與後來的牛頓和惠更斯以實驗去解析光學現象的做法完全不同。換言之，笛卡兒是一名用數學和邏輯去思考的哲學家，但不是一名用實驗方法做研究的近代科學家。

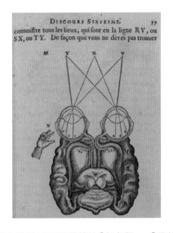

笛卡兒於 1637 年執筆的「氣象學」、「幾何學」、「屈光學」三部作的初版封面。本書的序章就是有名的「**談談方法**」。此照片攝自金澤工業大學圖書中心的藏本。

笛卡兒長眠的巴黎聖日耳曼德普雷修道院。

物理學中的「運動」是什麼？從生活思考科學！

在我們的身邊，存在著人、動物、無生物等各種存在，基於各式各樣的目的，進行各種各樣的運動。在科學的世界，我們把物體的移動和靜止都稱為「運動」。而在探究運動的時候，科學家會關注運動的「物體」和「運動方式」。

求運動中物體的速度

雖然有點突然，但這裡要考考你一個問題：請問馬拉松選手和獵豹誰比較快？事實上，這個問題是沒有答案的。因為問題沒有明確給出比較的方法。例如比較跑完10公里所需的時間、比較最高速度、比較100公尺短跑的瞬間速度等，比較的方法有很多種，而每種比較法得出的答案都不一樣。

速度 v〔m/s〕可以用移動距離 x〔m〕除以移動所花的時間 t〔s〕求出。用總跑行距離除以總時間，可求出平均速度。相當於全程都用等速跑。以剛才的例子來說，比較跑完10公里的速度就是比平均速度。另一方面，比較最高速度和100公尺短跑的瞬間速度，則是用在極短的時間段內的移動距離來計算。以生活中事物為例，像汽車的時速表上顯示的就是瞬間速度。

物體的質量和運動的種類

在討論「運動」中的「物體」時，首先要關注「質量」。無論是汽車、人、蘋果、或者一顆球，在科學上質量都寫成 m〔kg〕。

「運動方式」可以分為「靜止」、「等速運動」、「加速度運動」。

「靜止」就是沒有在運動的意思。

「等速運動」又叫「等速直線運動」，意指物體維持相同的速度、相同方向，一直直線往前走。

至於「加速度運動」則是指速度或方向有所改變的運動。而我們身邊觀察到的運動，絕大多都屬於「靜止」和「加速度運動」。

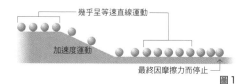

幾乎呈等速直線運動
加速度運動
最終因摩擦力而停止
圖1

作用於物體的力

地球上的物體全都會受到「重力」的作用。

同時，在大多數情況下，物體也同時受到推擠或拉扯等「接觸作用力」。

作用於物體的力可以像圖2一樣，用「一個點」來表示力的作用點，用一個「箭號」來表示力的作用方向。

圖2

無論什麼形狀的物體，都跟圖3一樣必定會受到重力的作用，可以畫出一個由物體的中心（重心）向地面作用的箭頭。即使是飄在半空中或疊在其他物體上也一樣。

重力
圖3

「力」是導致物體「靜止」或「移動」的原因。當某個物體對另一個物體施加作用力時，在兩物體的接觸面上會產生一個與作用力方向相反、大小相同的「反作用力」。這就是**作用力與反作用力定律**。

「靜止」&「等速運動」的作用力

物體只有兩種情況會處於「靜止」或「等速運動」狀態，一是完全沒有力作用其上，二是作用於該物體上的力淨力平衡。（由於地球上的物體必然受到重力作用，不存在完全不受力的物體。因此地球上的物體靜止不動，一定是作用力淨力平衡。）

在物理學中，基本上可以把「靜止」和「等速運動」視為作用力淨力平衡的狀態。

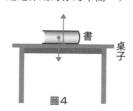

圖4

「加速度運動」的作用力

「加速度運動」是物體受到單一力作用，或是多股作用力不均衡的狀態。

若作用力順著物體的移動方向作用，那麼物體的速度就會愈來愈快。相反地，如果作用力逆著物體的移動方向作用，那麼物體的速度會愈變愈慢，這兩者都叫做加速度運動。

此時加速度的大小寫為 a〔m/s^2〕，移動之物體的質量為 m〔kg〕，作用力為 F〔N〕，**三者的關係為 $F=ma$，又叫運動方程式。**

圖5是一個人朝地面扔出一顆球時的運動軌跡。由圖可見，這顆球加速度運動的過程中，只受到重力和接觸地面時來自地面的反作用力這兩種力作用。球在掉落的時候，會受到與運動方向相同的重力作用而加速。下落軌跡的間隔在下落過程中愈變愈大，可知球的運動速度逐漸變快。然後在撞到地面後，球受到地面的反作用力而改變了運動方向。球在上升過程中會持續受到與運動方向相反的重力作用，因此速度愈變愈慢。

速率保持不變，乍看好像沒有任何力在作用，但實際受到與行進方向垂直的作用力作用，不斷在改變方向的運動也屬於「加速度運動」。在這種運動之中，作用力是

圖5

表現改變的是「方向」這個運動狀態。譬如圖5右邊用鏈球的動作，以及行星繞太陽公轉都屬於此例。

慣性定律

只要沒有打破淨力平衡的作用力出現，「靜止」或「等速運動」的狀態將永遠持續。這就叫慣性定律。譬如汽車在緊急煞車的時候，假如口裡含著一粒糖果張大嘴巴，糖果就會像圖6一樣飛出來。在緊急煞車時，汽車和車上有繫安全帶的乘客會同時停止，但在張嘴的情況下口裡的糖果沒有任何阻擋，將會維持原本的速度繼續往前飛。

相反地，在汽車急速起步，也常常發生手裡的飲料灑出來噴到臉上的意外。而糖果和飲料之所以會噴出來，都是慣性定律所導致。

力學中有關「運動」的普遍定律，最早始於亞里斯多德，並歷經伽利略等眾多科學家的反覆摸索，最終才透過實驗慢慢解開其真面目。然後，最後由牛頓（p.32）統一了地上世界和天體的運動，提出了「慣性定律」、「運動方程式」、「作用力與反作用力定律」這三大運動定律，整理在『自然哲學的數學原理』這部著作中。

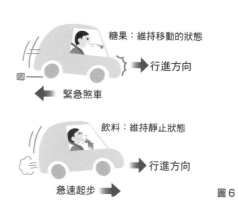

糖果：維持移動的狀態
→ 行進方向
← 緊急煞車

飲料：維持靜止狀態
→ 行進方向
急速起步 →

圖6

李奧納多・達文西與摩擦力

最初發現摩擦力並留下紀錄的人

李奧納多・達文西（1452 － 1519年）是生活在亞里斯多德時代和伽利略時代中間的偉大畫家。與此同時，他也是一位發明家、建築師、以及優秀的科學家。他做了許多與運動有關的實驗，留下許多他所設計的機械手稿。據說其中有幾個更實際製作了出來。

與運動有關的力除了「重力」之外，還有靠接觸作用在繩子上的「張力」、地面支撐物體的「正向力」、以及「空氣阻力」等等，有各式各樣的名字。其中與我們的日常生活最息息相關的是「摩擦力」。我們之所以能夠在地上走路，能用鉛筆在紙上寫字，弦樂器能發出聲音，全都要拜摩擦力所賜。

而李奧納多・達文西是歷史上第一個注意到摩擦力，並研究留下紀錄的人。或許是因為他在試作他設計的機器時遇到摩擦力的阻撓，害機械無法如預期運作的緣故吧。儘管無法得知他的初衷是否出於「如果能消除機械摩擦力的話……」的想法，但他的確做了很多實驗，發現了不同材質的摩擦力有很大的差異，並費盡心思研究出哪種材質在什麼情況下最容易滑動，在什麼情況下最不容易滑動。

結果，他最終得到的結論是「世上所有物體在滑動時都會遇到摩擦力的抵抗」。同時他還記錄了「兩個表面平滑的平面互相摩擦時，摩擦力的大小約等於物體重量的四分之一」。不僅如此，今日已知幾乎所有與摩擦力有關的定律，幾乎都是由達文西所發現，他的實驗圖也一直保留到了現代。

李奧納多・達文西的作品
『維特魯威人』

動手試試看！伽利略的實驗

你或許也聽過伽利略在比薩斜塔上丟下兩個大小不同的金屬球的實驗。傳說伽利略就是用這個實驗證明了「不論物體是重是輕，只要沒有空氣阻力的干擾就會同時落地」這件事，但現代大多數學者都認為，這是伽利略的學生杜撰出來的故事。

各位讀者若想自己試試看的話，請用與自己身高相同的高度實驗就可以了。

例如，同時放開兩個形狀相同的重箱子和輕箱子，它們會同時落地嗎？實際實驗的話，由於會有無法無視的空氣阻力的影響，因此若用正確的步驟測量，結果會跟理論有些出入。

亞里斯多德「重物會比輕物更快掉落」的主張一直沒有被推翻，也是因為在我們身邊能觀察到的現象中，大多都是重的物體更快掉落，是無可奈何的結果。

所以，你可以拿一張紙跟一本書，實驗看看兩個分別從同高度掉落，以及把紙放在書的上面，在沒有空氣阻力影響的情況下掉落，比較看看結果有何不同。

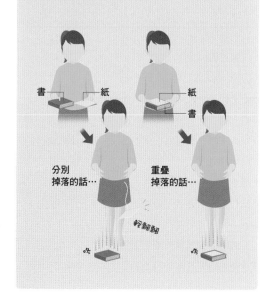

2 大氣壓與真空

托里切利
（1608 － 1647年）

「托里切利真空」是歷史上最早的人工真空

帕斯卡
（1623 － 1662年）

主張「真空」的存在，因而被教會猛烈打壓

格里克
（1602 － 1686年）

向市民公開演示「馬德堡半球真空實驗」

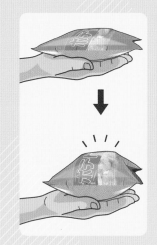

距今兩千五百年前的古代，空氣的存在和**真空**，曾是古希臘人熱烈議論的重要主題。所謂的真空就是連空氣都不存在，真正什麼都不存在的空間。亞里斯多德認為「若把空氣完全吸出空間，馬上會有其他物體進來填滿這個空間，因此世上不存在真空」，而他的主張，有很長一段時間被眾人奉為真理。

但到了16世紀，一個後來被發現是由**大氣壓力**所導致的現象，在當時的歐洲產業界造成了巨大的影響。那個時代的歐洲列強為爭奪世界霸權經常彼此爭戰，而大砲更是戰爭中不可或缺的武器，但製造大砲需要很多金屬，因此當時的歐洲人挖掘了很多深入地下的礦坑。然而挖礦的工人們在排出礦坑的地下水時遇到一個難題，那就是當時的抽水幫補無法把水抽到10公尺（18碼）以上的高度。無法有效率地排水，對於礦山是一個攸關生死的問題。

當時的抽水泵主要是利用吸吐空氣來抽水，許許多多的研究者從各種不同的角度不斷摸索，開始意識到大氣的重要性。同時，科學家也開始研究完全抽除大氣的真空狀態。直到17世紀，**托里切利、帕斯卡、格里克**等科學家才終於推翻了亞里斯多德的理論。

多虧真空泵的發明，科學家得以把空氣完全抽出一個容器（不存在空氣的空間），並進行了各種實驗來展示真空狀態（實際上是極低氣壓狀態）。同時人們也終於知道包圍在真空周圍的大氣，究竟是用多大的壓力在擠壓容器。

最後，人們才明白原來看似是被泵吸上來的水，其實是被地球的大氣壓擠上來的。

因此，當物體的總重量大於大氣壓力時，泵就沒辦法再往上推，而這個重量就是泵抽水時的高度極限。故真空的存在也證明了大氣壓力的存在。

托里切利

埃萬傑利斯塔・托里切利（1608 － 1647年）／義大利

托里切利三十九歲就離開了人世，儘管他的一生十分短暫，卻在水力學、機械力學、光學、幾何學、微積分等領域都留下了許多功績。而且托里切利還是伽利略晚年的好友兼祕書，代替失明的伽利略以口述方式完成了名著『關於兩門新科學的對話』。

「托里切利真空」是史上最早的人造真空

托里切利的第一個實驗

托里切利在伽利略死後，做了三個非常重要的真空實驗。

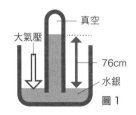

圖1

他的第一個實驗原本是想在玻璃管內裝滿水，但由於這個實驗需要一個10公尺左右的玻璃管，而當時的技術仍無法做出這麼大的玻璃管，所以托里切利後來改用比重遠大於水的液體「水銀」來測試。他在長1公尺的玻璃管中裝滿水銀，然後倒過來放在一個同樣裝有水銀的淺盤內。結果一如托里切利的預測，水銀柱的液面如圖1所示，停在了76公分的高度。這代表淺盤上的水銀受到氣壓推擠，連帶把玻璃管內水銀往上推，達成了淨力平衡的狀態而靜止不動。同時，由於這個玻璃管上部的空間內沒有空氣，因此理論上便屬於真空狀態。托里切利就這樣創造出了人類史上最初的真空。

托里切利的第二個實驗

第二個實驗是把水銀柱下降到76公分的玻璃管如圖2那樣，在水銀的上方倒上一層水。接著再如圖3把玻璃管的管口緩緩抬到水的部分，此時若玻璃管上部的空間是真空的話，由於換成水需要10公尺高的水柱才能重於大氣壓力，而76公分遠

遠低於10公尺，因此理論上水應該會立刻衝進管內填滿空間。

結果玻璃管的管口一接觸到水層，比水重的水銀馬上一口氣落下，而水則猛然填滿了整個玻璃管。

接著，再像圖4那樣把玻璃管的管口從水層上移到空氣層後，這次換成水一口氣落下，由空氣填滿了玻璃管。

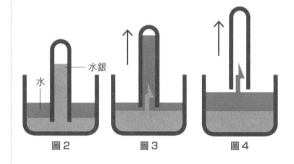

圖2　圖3　圖4

托里切利的第三個實驗

對於這個結果，科學界出現了以下兩派對立的意見。

「水銀和水應該是被上面的真空空間所吸上去的。」

「不，是周圍的水銀層表面被大氣壓推擠，才導致管內的水銀被推上去。」

因此，在第三個實驗中，托里切利如圖5選擇了兩種形狀的玻璃管，改變了上部的真空區塊大小。如果是真空的力量把液體往上吸的，那麼改變

真空的大小，水銀柱的高度應該也會改變。

結果，第三個實驗中的水銀依然停留在相同的高度。因此可以得出是大氣把水銀推到了玻璃管內的結論，人們也就此發現了測量大氣壓力的方法。

然而，托里切利並未馬上公布這個實驗的結果。據說這是因為他害怕來自教會的壓力。畢竟托里切利曾經親眼見證教會對伽利略的審判，也難怪他會如此慎重。

圖5

(((外溢效應)))

在托里切利以前的時代，人們一直用亞里斯多德的科學觀解釋自然界的現象，所以過去的人們始終以為真空並不存在。但托里切利的真空實驗卻推翻了亞里斯多德的世界觀。為了紀念真空的發現，後來科學界便使用托里切利的名字做為計量真空度的單位 Torr（托）。

花絮

與同時代科學家的交流

托里切利過世六十八年後的1715年，後人將他的演講和實驗紀錄、書信等手稿整理為『學術講座』，在佛羅倫斯出版。其中包含了一封向友人報告氣壓計實驗的書簡。托里切利在其短暫的人生中認識了各式各樣的人，並經常用書信，與透過科學家之社群網絡所認識的同時代義大利科學家交流。

『學術講義』中還收錄了托里切利寫給西芒托學院準會員米開朗基羅·里奇和伽利略的書簡。

托里切利代替失明的伽利略，以口述筆記撰寫的『關於兩門新科學的對話』。照片攝自金澤工業大學圖書中心的藏書。

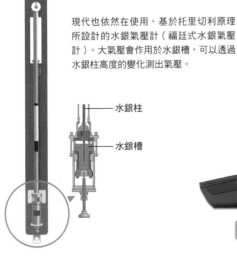

水銀柱

水銀槽

現代也依然在使用，基於托里切利原理所設計的水銀氣壓計（福廷式水銀氣壓計）。大氣壓會作用於水銀槽，可以透過水銀柱高度的變化測出氣壓。

1896年在義大利設計，後於俄羅斯改良為現代實用化的水銀血壓計，最近也被運用在醫療現場。與測量大氣壓的原理相同，可以從水銀柱的高度測量血壓變化。目前已不再使用危險的水銀當材料，逐漸汰換成電子式的血壓計。

帕斯卡

布萊茲・帕斯卡（1623 − 1662年）／法國

　　哲學家帕斯卡在其三十九年的短暫生命中，於各領域都留下了功績。在數學，他發現了帕斯卡三角形、帕斯卡定理，並建立了機率論；在科學，他因真空的研究和發現流體帕斯卡定律而為人所知，他的名字亦是壓力單位「帕（Pa）」的由來。他晚年專注於神學和冥想，並寫下因「人只是一根會思考的蘆葦」這句話而聞名的遺稿『思想錄』。

主張真空的存在，受到教會猛烈打壓

與真空有關的新實驗

　　帕斯卡在聽說了托里切利的實驗後，立即也自己著手嘗試，除了水銀之外，還測試了**酒精**等材料，用各種不同形狀的玻璃管觀察實驗結果，並於1647年，在他還只有二十歲出頭時，便將實驗結果整理成『關於真空的新實驗』一書。

　　他在這本書中明確主張「真空」是確實存在的，結果招致教會的猛烈反擊。因為當時的教會深信亞里斯多德「大自然厭惡真空」的想法才正確。

　　帕斯卡把裝滿水銀的玻璃管立於水銀槽中，做了一個他稱之為「真空中的真空」之實驗。如圖所示，他在這個實驗中比對了水銀柱在受到大氣壓推擠時和沒有受到大氣壓推擠時的**平衡狀態**，而這個

實驗結果，引導他發現了後來的流體帕斯卡定律。

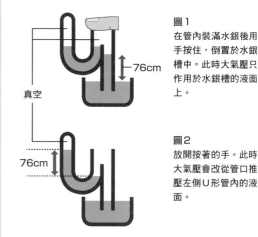

圖1
在管內裝滿水銀後用手按住，倒置於水銀槽中。此時大氣壓只作用於水銀槽的液面上。

圖2
放開按著的手。此時大氣壓會改從管口推壓左側U形管內的液面。

※直接用手觸摸水銀是很危險的行為，所以現在已不會做這類實驗。

　　帕斯卡的出生地克萊蒙費朗坐落在一處休火山群中，而這群火山中最高的便是多姆山（標高1464公尺）。此城也是法國輪胎產業的中心，知名輪胎公司米其林的總部便位於此。輪胎是一種灌注空氣加壓以產生彈性的車輪，所以它的氣壓單位也理所當然是用帕（Pa）來計算。

鑲嵌在克萊蒙費朗的「帕斯卡街」石磚道上的帕斯卡紀念牌。

水銀柱與大氣壓的關係

　　為什麼立於水銀槽之玻璃管內的水銀柱，總是停在某個特定高度呢？帕斯卡從實驗結果察覺了這個實驗的不足之處，推測假如在不同海拔的地點做這個實驗，會使水銀柱的高度出現變化，那麼這個現象應該是跟大氣壓的大小有關。

海拔高度與水銀柱的高度

　　然而帕斯卡本人體弱多病，因此他只好拜託自己的姊夫佩里埃拿著托里切利設計的裝置到多姆山上測量水銀柱的高度。結果他發現隨著<u>海拔</u>逐漸攀升，水銀柱的高度也會緩慢降低，證明了是大氣厚度減少，使得推擠水銀柱的大氣壓力下降。

　　就這樣，帕斯卡得以斷定倒置於水銀槽內之玻璃管內的水銀柱，之所以會降沉到固定高度就不再流出，是因大氣重量產生的壓力所致。

過去曾被用來做真空實驗的多姆山周邊之現代風景。

帕斯卡的著作『思想錄』封面。

(((外溢效應)))

帕斯卡定律和油壓煞車

　　對帕斯卡而言，科學的實驗研究或許只是他生命中某段時期的興趣，但他所發現的流體「帕斯卡定律」對現代人而言卻非常重要。所謂的帕斯卡定律，是指對密閉容器內的流體施加壓力時，不論該容器是什麼形狀，都會使容器內所有位置受到相同強度的壓力；利用這個定律，就像像油壓煞車一樣，把原本很小的力量放大。

　　我們在開車時只須用腳輕輕踩一下煞車踏板，就能輕鬆停下上千公斤重的車體。這是因為煞車踏板後有一條充滿液體的細管，連到用來停止車輪的泵；當我們踩下煞車時，壓力（油壓）便會沿著油管傳到制動裝置。不論煞車踏板的面積有多小，腳踩下去時的壓力都會均勻地傳到整條油管的每一處，對靠近輪胎那一側的接觸面每一處施加相同壓力（註）。另外像挖土機的怪手、控制重型鐵板門開關速度的門弓等裝置，也都是利用油壓的原理。

（註）意思是從外面對密閉流體的任意處施加每平方公分x單位的壓力，流體也會對容器的每一處產生每平方公分x單位的壓力。所以若某容器兩端分別有一個1平方公分的小活塞和一個2平方公分的大活塞，用x單位的力量推壓小活塞，大活塞受到的壓力會是2x；用x單位的力量推壓大活塞，小活塞只會受到$\frac{x}{2}$的壓力。

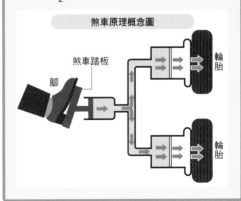

煞車原理概念圖

煞車踏板

腳

輪胎

輪胎

格里克

奧托·馮·格里克（1602－1686年）／德國

　　格里克生於德國薩克森·安哈特邦的首府馬德堡，父親是該市的市長，一共活了八十四歲。格里克在大學專攻法律、物理學、以及數學，是一位工程學家、物理學家、政治家。在他擔任馬德堡市長的時期，他努力復興了因長達三十年的戰爭而荒廢之馬德堡市的政治，並在完成了這個使命後開始研究真空。

向市民公開演示「馬德堡半球真空實驗」

製作手動真空泵

　　格里克採用了一種不同托里切利和帕斯卡的手法，進行了創造真空的研究。

　　格里克為了抽出容器內的空氣製造真空環境，首先發明了一種可以抽出空氣的手動泵。他用啤酒桶實驗，嘗試創造真空，卻因無法完全塞住木桶條間的縫隙而失敗。

　　隨後，他又嘗試把一個小啤酒桶放進一個大啤酒桶內，並在桶與桶的夾縫間注水，但還是沒有成功。最後格里克放棄木桶，改為使用密閉性高的銅製半球。於是，他就這樣想出了名聞遐邇的馬德堡「半球實驗」。

三位科學家的壽命差異

　　出生於德國的格里克在1602年出生，直到八十四歲過世前都相當活躍。

　　另一方面，比格里克晚了六年，1608年才於義大利出生的托里切利，則在三十九歲便英年早逝。兩人同樣生於秋天，都在歐洲大陸寒冷的落葉時節誕生，並成功撐過了緊隨而來的嚴冬，長大成人。要知道那個時代很多孩子剛出生便夭折。話雖如此，托里切利卻在壯年之時就離開了人世。

　　在格里克出生二十一年之後，帕斯卡才在1623年一個美麗的六月時節誕生於法國，然而他也同樣在三十九歲便英年早逝。

　　儘管這兩人一個生在義大利，一個生在法國，不過托里切利和帕斯卡同樣都在短短三十九年的人生中，留下了足以令他們在科學史上名留千古的貴重發現。

1602年　1608年　　　1623年

托里切利 39歲

帕斯卡 39歲

格里克 84歲

馬德堡的「半球實驗」

格里克在當時的神聖羅馬帝國皇帝面前進行了這項實驗。首先，他準備了兩個直徑40公分的銅製半球，將它們緊密貼合，再用手動泵抽出球體內的空氣，使內部變成真空。隨後這兩個半球竟自己緊緊鎖住彼此，即使放手也不會散掉。接著格里克又找來十六匹馬，分別從兩側拉住兩個半球，讓馬分別往兩側跑。但因大氣牢牢包住球體，球體內又是真空，完全沒有向外的推力，所以球體仍然牢牢沒有分開。

這個實驗證明了大氣壓力的存在、大氣壓力的大小、以及壓力的方向。

在大庭廣眾面前表演的馬德堡真空實驗，相信應該讓當時的群眾大為震驚。因為鎖住球體的大氣壓力粗估至少有1噸以上。而在格里克重新把空氣注入後，球體便輕易分開了。

格里克的其他研究

格里克除了真空實驗外，還製作了靠摩擦硫磺製的球體產生靜電的機器，發現了**摩擦起電**的現象。另外他還研究了**氣壓計**和天氣預報。

(((外溢效應)))

格里克在大眾面前進行的實驗，引起了人們對真空的興趣。格里克將他的研究成果整理出版後，鼓舞了當時眾多的學者。例如波以耳（p.58）和惠更斯（p.66）便深受其影響。還有，格里克自己設計**氣壓計**並以此預測天氣的嘗試，也被視為科學性**氣象觀測**和預報的萌芽。另一方面，格里克更在研究靜電時成功觀察到起電現象，引導了現代電磁學的研究。

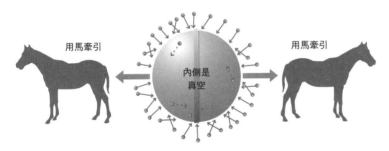

用馬牽引　　內側是真空　　用馬牽引

半球中只剩下少量的空氣分子在游走。另一方面，外側則有大量的空氣分子包圍，推擠著整個球體。

馬德堡半球實驗的示意圖。
圖中央的物體即是由兩個半球組合成的球體，球體兩端分別有八匹馬往不同方向拉扯，試圖拉開球體。圖的右上方分別畫出了兩個半球的形狀、兩者結合的狀態、以及密封用的零件等。

什麼是「壓力」？
從生活思考科學！

物體對其他物體施力時，作用力的大小會隨接觸面積而變。即使一個人的體重不變，穿高跟鞋和穿平底鞋時，對地面的作用力也會不一樣。

壓力是什麼？

用拇指和食指夾住削尖的鉛筆，因鉛筆兩邊的壓力大小不同，夾到比較尖那一側的手指會比較痛。其關係可表示為 **壓力（Pa）＝與接面垂直的推力（N）÷ 力作用的面積（m²）**。

譬如在雪地上穿踏雪板會比較好走，以及裝設在沉重鋼琴腳下的平台，都是為了減少壓力，避免接觸面凹陷。

相反地有些物體則利用尖銳的接觸面來增加壓力，像是叉子、圖釘、針線。

大氣壓是什麼？

地球的周圍圍繞著**空氣分子**，而空氣分子也是物質，所以存在質量。

儘管空氣分子的質量很小，但在地球上仍會受重力吸引，所以地球上的物體無時無刻都承受著空氣的重量。

地球上空的空氣層，也就是俗稱的「**大氣**」，**在海平面（海拔0公尺）上的壓力，大概約有10萬Pa**。

運動中的空氣分子產生的**大氣壓，會從四面八方以同等大小均勻地推擠我們**。但我們打從出生起便一直活在大氣壓力下，因此平常感覺不到它的存在。

然而，假如你從平地，也就是海拔高度低的城鎮買一包零嘴，帶著它爬到高海拔的山上，隨著高度上升，大氣壓減少，就會發現零嘴包裝內的氣體逐漸膨脹，變得愈來愈鼓。

在低海拔的地方內外壓力相當

但海拔變高後，袋子裡的空氣推擠力變得比大氣更強，因此會不斷膨脹直到再次達到淨力平衡

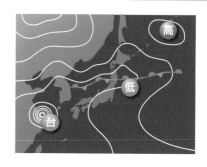

因為地表的大氣壓用Pa當單位數字會非常大，所以在天氣預報時習慣以100個Pa為單位，在前面加一個h（hecto）以百帕（hPa）來表示氣壓。托里切利的實驗中發現的水銀柱高度76公分（760mm），是大氣作用於水銀底面的壓力，俗稱1大氣壓，相當於1013hPa。而在天氣預報中常

聽到的**高氣壓**和**低氣壓**等名詞，指的是某區塊的大氣氣壓比周圍區域更高或更低。因此現實中也存在低於1013hPa的高氣壓。

真空是如何創造的？

除了空間中完全不存在任何原子和分子的絕對真空外，**減壓**後形成的**低壓**環境也被叫做真空，而人為產生的**真空狀態**的氣壓大約是 10～11Pa。這種真空是用一種叫真空泵的抽氣機器製造的。

真空的程度可以透過溫度或電流變化測量氣體分子的狀態來換算出氣壓。換言之，我們生活中常說的真空，指的其實是為了利用壓力差人工減壓形成的空間。

生活周遭的真空

家用的真空包裝機就是我們生活中可見的真空之一。這種真空機會抽掉包裝袋裡的空氣，將包裝袋內的氣壓減壓到周圍大

氣的一半，也就是4萬Pa左右的程度。由於袋子裡的氧氣變少，所以裡面的物體不容易**氧化**，可以保持食物的新鮮度。

另外保溫瓶也是一種杯壁間夾著真空的雙層構造，為的是利用空氣稀薄時熱量不容易傳遞的性質。

在低壓狀態下物質的沸點會降低，水即使在凍結狀態也會蒸發，所以真空也被用於乾燥技術，用來生產即時食品。

保溫瓶的結構

利用冷凍乾燥去除水分後的乾燥濃湯。不僅可以長期保存，而且只要倒入熱水就能恢復本的狀態。

加壓技術

除了減壓技術外，我們的生活周遭也存在刻意對物體施加壓力，提高氣壓來利用的產品。譬如科學家發現大氣壓後，隨即就研發出**蒸汽機**。蒸汽機便是一種藉由鎖住蒸氣，有效利用壓力的技術。

汽車的輪胎因充滿大量空氣而富有彈性，可以吸收衝擊力。

壓力鍋的原理是把水和氣體封在堅固的金屬內加熱，利用煮沸後的水蒸氣壓力調理食物。

水壓也是壓力

在水裡，物體同樣會從四面八方受到相等大小的水的壓力。這叫做**水壓**。水壓會隨水深增加而變大。

日本的**載人潛水調查船**「**深海6500**」曾潛入全世界數一數二深的三陸沖日本海溝，創下下潛6527公尺的世界紀錄，活躍於全球各地的海洋。水深6500公尺處的水壓約為地表氣壓的680倍，大約是6810萬Pa。

但即使在那樣的深海也有生物棲息。深海生物的身體非常柔軟，含有大量水分，且身體內側沒有任何孔隙，因此牠們可以保持體內的壓力與周圍的水壓相等，不會被水壓壓碎。假如把富含空氣的保麗龍帶進深海，就會看到保麗龍慢慢被擠壓，變得愈來愈小；然而身體幾乎都是水分的深海魚則不會有什麼改變。

在深海水槽實驗中縮小的保麗龍杯（右）。照片由日本海上技術安全研究所提供。

深海生物（鮟鱇魚）不論在陸地還是深海，大小都不會改變。

人們早在江戶時代就知道空氣的存在

沢庵宗彭的書中對空氣的記載

大家是從什麼時候開始第一次意識到自己的身邊「存在」著肉眼看不見的空氣呢？是小時候從游泳池內浮出水面，大口換氣的時候嗎？還是抓著塑膠袋到處奔跑，用袋子捉風來玩的時候呢？

我記得以前在小學的自然課上學到有關空氣的章節時，老師曾讓我們用一種「空氣槍」發射玩具子彈來玩。裝在空氣槍透明槍管前端的子彈，跟後方的活塞之間看似什麼都沒有，實際上卻存在著空氣。所以只要推擠活塞，壓縮空氣，槍管前端的子彈就會猛烈射出。這是我第一次深切感受到空氣雖然看不到，但確實「存在」。

江戶時代的人其實也知道空氣的存在。沢庵宗彭（1573 － 1646年）是一位生活於安土桃山時代至江戶時代前期的臨濟宗僧侶，在他眾多的著作中有一本名為『東海夜話』的書。

這本書的下卷就曾以空氣槍遊戲為例，清楚明確地寫道「即使眼睛看不見，看似不存在，我們身邊也充滿著空氣」。

「即便前珠和後珠之間似為空無，其間仍有氣充盈故……（摘自『東海夜話』）」

在沙龍大受歡迎的真空泵實驗

下圖是18世紀英國畫家萊特的畫作『氣泵裡的鳥實驗』。由此畫可知真空實驗在科學家和知識分子之間曾流行一時。這種實驗在當時被當成一種表演，幾乎一天到晚都能看到，於格里克的「馬德堡半球實驗」這篇文章中也有記載。是幅能看出科學在當時與現代之巨大差異的有趣畫作。

放置在中央的玻璃製實驗器材，是種用氣泵抽出空氣製造真空的裝置。玻璃內的鳥會因缺氧而暈厥。
※球內被加工為明亮可見的狀態。

3 力學之二（萬有引力）

○ **虎克**
（1635 － 1703年）

探究各種不同情境下的「引力」之性質

○ **牛頓**
（1642 － 1727年）

無論蘋果抑或月亮都會跟地球互相吸引的
「萬有引力」

○ **卡文迪許**
（1731 － 1810年）

後代科學家利用他的測量結果，
算出「萬有引力常數」

▎作用於萬物的力 —— 萬有引力

牛頓正是幫助人類前往太空的「運動中物體的力學與其數學表述」和「萬有引力定律」之發現者。不過他並非憑一己之力從頭思考出了這一切，而是靠著在因**研究行星軌道**而聞名的天文學家克卜勒（1571 － 1630年）等人的**天體觀測**，以及伽利略（p.12）的研究報告、笛卡兒（p.14）的思想，才能走到這一步。

在自然界中，存在著四種不需要直接接觸就能作用，即使彼此遠離也能相互影響的力（自然界的四大基本力）。

其中兩種只作用於原子層級以下的微觀世界，所以本章不會提及。

另外兩種則是我們身邊可見的力。第一種是可在磁鐵和靜電上感覺到的電磁力。而另一種是有質量的物體互相吸引的萬有引力。

關於這些不用接觸也能傳遞的力，自古以來就有許多人從各式各樣的角度去尋找其中的規律性和成因，並加以解釋。

本章介紹的**虎克**，曾是對**氣體**之研究而為人所知的化學家羅伯特·波以耳（1627 － 1691年）之助手，最早研究的是氣體壓力，後來轉而研究由**彈性體***產生的力等各種不同的力，最後才發現具有質量的物體間存在著引力。而時代稍晚於虎克的牛頓，也將自己的想法整理為『**自然哲學的數學原理**』一書。可見也有受到虎克的影響。

就這樣，以萬有引力定律為基礎，科學家終於知道如何思考行星的質量比，於是許多研究者開始嘗試計算地球的密度。後來**卡文迪許**首先利用「扭秤」完成了精密的測量。之後科學家更利用他的測量結果計算出「萬有引力常數」，而此項發現直到現代依然具有重要的地位。

---

*彈性體　施力後會變形，停止施力後會恢復原狀的物體。變形後恢復原狀的力稱為復原力。很多物體都屬於彈性體，其中最常見的有橡膠、彈簧。

虎克

羅伯特・虎克（1635 － 1703年）／英國

英國科學家、博物學家、建築學家。精於實驗、觀察，對生物學、地球科學、物理學都有廣泛的研究。除因彈簧的虎克定律而為人所知，其利用顯微鏡的詳細觀察紀錄也很有名。在這份紀錄中包含軟木＊的細胞圖，暗示了其他植物也具有這種微小的結構，對初期細胞概念的建立有重要貢獻。

探究各種不同情境下的「引力」之性質

用「引力」解釋天體的運行

為什麼行星會繞著太陽轉，而月亮會繞著地球轉呢？17世紀後半葉，隨著人們能夠用望遠鏡觀察天空，科學家對太陽、行星、月球軌跡的知識也增加，吸引愈來愈多人探究天體運行的原因。而虎克也是其中之一，他更用自己製作的望遠鏡來觀測行星。後來，他基於「引力」的概念，建立了一套行星公轉機制的假說對外發表。

對於天體的運動，虎克以伽利略提出的「運動中的物體在沒有外力干涉的情況下，將維持等速直線運動」為前提，認為既然天體在自然情況下本應永遠往前進行等速直線運動，但實際上卻以太陽為中心進行圓周運動，代表一定還存在一股力量將天體拉向中心。而且，這個引力會在天體之間互相作用，且天體的距離愈近，引力就愈強。

因慣性朝直線方向做等速直線運動的物體，受張力或重力等向中心牽引的向心力作用而改變行進方向，就產生了圓形軌跡。

軌道上的物體明明只受到向心力作用，但物體卻沒有朝向力量方向的中心移動，因此看起來，就好像存在一個與向心力相反方向的力（離心力）。然而實際上並不存在向外拉扯的力，一旦向心力消失，物體就會朝切線方向做等速直線運動。

與牛頓的對立

由於虎克曾把自己的猜想告訴牛頓，尋求他的意見，因此在牛頓出版『自然哲學的數學原理』中提出萬有引力的存在時，虎克立刻跳出來指責這個理論是他先想出來的。不僅如此，因哈雷彗星而為人所知的天文學家愛德蒙・哈雷（1656 － 1742年），以及聖保羅大教堂的建築師暨皇家學會的會長克里斯多佛・雷恩，（1632 － 1723年）也加入了這場關於行星運動的辯論。在當時的英國，所有科學家都熱絡地交換意見、彼此交流，也互相爭論誰才是第一個提出的人。

虎克比牛頓年長七歲，比牛頓更早進入科學界，與牛頓在光學、天文學、力學等許多主題上都針鋒相對；後來牛頓當上皇家學會的會長後，更抹除虎克留下的許多功績。儘管今日科學界已重新發現了虎克的眾多偉業，還給他應有的歷史評價，但現代已找不到任何虎克精確的肖像畫。

＊植物的樹皮等外側形成的有彈力的保護組織。其中西班牙栓皮櫟的木皮組織特別厚，經常被用來製造防音材質或軟木塞。

彈簧的虎克定律

不過，那個有名的虎克定律，也就是彈簧彈性的「力與彈簧伸展幅度的比例關係」，我們在國中時都學過。虎克在四十三歲時，於皇家學會的**公開講座**（卡特勒講座）上，發表了適用於彈簧和纜繩等所有具有彈性力之物體的定律。虎克其實早在十八年前當化學家羅伯特·波以耳（1627 － 1691年）的實驗助手、研究氣體時，就發現了這件事。換言之，虎克之所以能想到彈簧等物的**彈性定律**，應該是研究氣體的壓縮和膨脹等現象後，萌生了非常廣義的彈性體之概念。

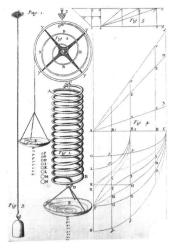

虎克的彈簧研究圖。此圖解釋了彈簧振動的等時性。

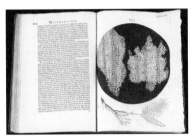

虎克的『顯微術』中所繪的軟木塞細胞圖。

(((**外溢效應**)))

不只是虎克，當時眾多學者提出的各種議論和想法，後來都被下一頁要介紹的牛頓所提出之萬有引力定律吸收。此外，由於牛頓促成了許多極其重要的發現，後來更因此當上皇家學會的會長，鞏固了學術上的地位。

 花絮

殘存至現代的虎克建造物

虎克與從大學時代就十分親密的同窗好友雷恩（前述），一起在1666年倫敦大火重建時設計、建造了許多公共建築。在奠定了他的名聲，1665年出版的『顯微術』中，以精緻的圖版展示了他用顯微鏡觀察各種礦物、植物、動物的紀錄，甚至還有他用望遠鏡觀察天空的紀錄，顯示了他極其豐富的才能。

虎克在公開演講「力與伸縮的比例關係」之前，便已經以「ceiiinosssttuu*」的字謎發表了虎克定律的要旨。然後他在演講的開頭，將這串字謎重新排列為拉丁語「Ut tension, sic vis（伸

雷恩和虎克建造的倫敦大火紀念塔

縮隨力）」，公布了答案。儘管聽起來很不正經，但透過這種作法，於實際發表前宣告自己要發表的內容，在當時十分重要。

---

*此字串中有2個u，但拉丁語句子中卻只有1個。這是因為當時的u和現代不同，跟v是同一個音，所以用的是同一個字母。現代在某些老品牌名稱如BVLGARI（Bulgari/寶格麗）上仍可窺見一班。

牛頓

艾薩克・牛頓（1642 – 1727年）／英國

牛頓和虎克的出身有不少類似之處。兩人幼年都體弱多病，且擅長工藝和繪畫；兩人都不是貴族也不是勞工階級，家庭還算富裕，所以有機會接受高等教育。儘管兩人的前半生一個在劍橋，另一個在牛津度過，但他們都加入了皇家學會。

無論蘋果抑或月亮都會跟地球互相吸引的「萬有引力」

多虧了大學關閉才發現萬有引力？

在牛頓求學的時候，英國曾發生過一次大瘟疫，導致他當時就讀的劍橋大學暫時關閉。閉校期間，牛頓回到鄉下的老家，在這一年多悠哉地做自己的研究。據說他就是在這時萌生了地球引力不只會作用於地球上的物體，也會作用於月亮的想法。

至於那個他在庭院的樹下，看到蘋果掉下來而靈光一閃的老故事，則是源自某個「牛頓親口自述」的傳說，儘管這個版本的故事在許多國家都很流行，但目前對它的真實性仍未有定論。不過，牛頓是在仔細觀察地球上的自然現象後，以他靈活奔放的思維，把觀察到的結果延伸至天空才有了這個大發現，這點應該是無庸置疑的。

所有天體的軌道只要以引力的存在為前提，都可以直接應用地球上的力學原理來解釋。

在牛頓於鄉下老家首次想到引力的概念後過了十餘年，有天虎克突然來徵詢他的意見，於是牛頓便趁此機會重新計算了一遍地球對月球的引力。然後他發現所有存在質量的物體之間都有引力存在，而且物體間的引力大小恰好與距離的平方成反比。就這樣，牛頓完成了萬有引力的定律。

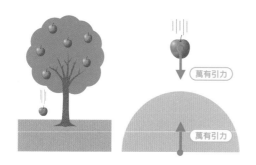

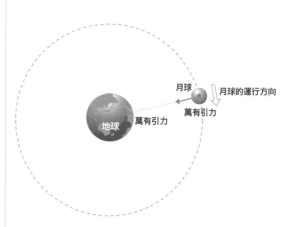

如同蘋果和地球會互相吸引，身為天體的月球也會跟地球互相吸引，形成圓形軌道。若沒有引力的作用，月球理論上應該依循慣性定律順著箭頭方向直線前進。

對月球作用的地球引力

月球在沒有任何外力存在的宇宙空間理應做等速直線運動，但因受到與地球之間的引力作用，運動軌跡被引力的方向改變，結果才繞著地球轉。而

完成自然哲學的數學原理

先後受到哈雷（1656－1742年）的勸說，以及主張自己才是發現者的虎克（p.30）的抗議，在經歷許多曲折後，牛頓終於把自己腦中的想法整理為『自然哲學的數學原理』一書。牛頓在這本著作中提到天體也不過只是一種有質量的物體。雖然本書中也詳細介紹了我們在國高中都會學到的運動定律，但跟現代教科書所教的不同，牛頓並沒有用$F=ma$的數學公式來表達，主要是用圖畫穿插文字敘述來講解。

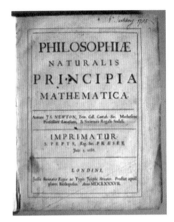

整理了牛頓所有研究成果的著作『自然哲學的數學原理』的標題頁。照片攝於金澤工業大學圖書中心的藏書。

在各領域的活躍

關於牛頓的故事，我們在介紹p.64與光有關的主題還會再次提到。

本書介紹的科學家，研究的領域大多都非常廣泛；而牛頓更是其中翹楚，是一位在物理學世界留下很多孕育了現代科學發展的研究的巨匠。

(((**外溢效應**)))

出生於克卜勒（1571－1630年）觀測天體，以及伽利略（p.12）推翻亞里斯多德（p.10）之後的時代，牛頓成功地為地球上的力學和天體運行的定律給出了統一的解釋。同時，牛頓更清楚向世人揭示了過去一直不受承認，眼睛看不到的超距力之一的引力的存在。牛頓的理論引起科學界各方的議論，開創了力學的新時代。

 花絮

幫助牛頓發現引力的蘋果樹，在日本也有複製株

傳說曾助牛頓產生靈感的那顆蘋果，是一種又酸又小，在完全成熟前就會落地的品種。這種蘋果樹的複製株也被栽種於日本各地。在牛頓完成『自然哲學的數學原理』的劍橋三一學院中，仍保存著牛頓當時住的房間和塑像供人參觀。另外，牛頓設計的數學橋至今依然存在，每天都有學生們從橋上走過。

栽種於小石川植物園內的日本牛頓蘋果樹複製株之一。照片由朝日新聞提供。

卡文迪許

亨利・卡文迪許（1731 － 1810年）／英國

身兼化學家和物理學家的卡文迪許出生於貴族之家，坐擁龐大的財富，但生活過得很質樸，討厭與人交際。卡文迪許把從家裡繼承的財產都投入了研究，留下許多奠定了現代科學基礎的成就。雖然他也會與皇家學會的其他研究者交流，不過次數十分有限，有很多紀錄都未公開，直到後來被人發現才得到較高的評價。

後代科學家利用他的測量結果，算出「萬有引力常數」

曾做過許多超前時代的研究

卡文迪許生活的年代，是個科學界的方方面面都在經歷巨大轉折的時代。在這巨大的洪流中，卡文迪許選擇擁護、補強當時的主流理論，對於現代化的新思維抱有疑慮。

在他未公開的研究中有許多超前時代的發想，例如在他的電學和氣體體積變化的研究報告中，就找到了某些原以為是由更晚期的其他科學家發現之成果。

另一方面，卡文迪許卻堅信一些現今已知錯誤的科學理論，其中最有名的便是用來解釋**燃燒現象**的**燃素說**。在17世紀後半葉，燃素說是當時最能完美解釋燃燒現象的理論。卡文迪許就是這個理

卡文迪許就讀的劍橋大學三一學院

論的強力擁戴者。但到了18世紀，隨著各種新發現，無法用燃素理論合理解釋的新物質和新現象陸續問世。然而直到19世紀後，人們才普遍接受非燃素說的新燃燒理論。

用扭秤實驗測量地球密度

在1797年到1798年間，卡文迪許開始嘗試測**量地球的密度**。地球不僅體積巨大，且地質的組成也十分複雜，因此科學家們一直無法測出真實的密度；而使這件事從不可能變為可能的人則是牛頓。當時的天文學家們發現，只要利用萬有引力定律先測出地球上兩個質量體之間的吸引力，再計算作用於兩個物體上的地球引力，便能反推出地球的質量。

為了實現這個想法，天文學家約翰・米歇爾（1724 － 1793年）設計了一種名為扭秤的裝置，只可惜他在完成實驗前就離開了人世。這個裝置在

卡文迪許不為人知的豐功偉業

在卡文迪許未曾公開的偉業中，甚至包含庫倫定律（p.89）和歐姆定律（p.100），而且實驗的精度都非常高。

然而，卡文迪許在自己設計並做完實驗，解答完心中的疑問後便心滿意足，一點也不在乎有沒有公開發表，所以完全無人知曉他的偉大發現。同時，卡文迪許十分害怕與女性相處，一生都沒有結婚。

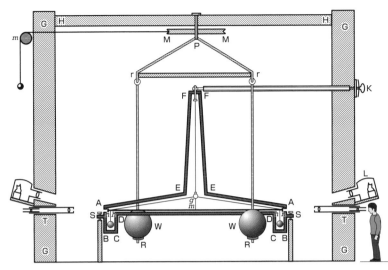

卡文迪許的扭秤實驗全體圖

外側的四角是建築物的牆，牆上的窗孔裝有望遠鏡，人可以從外面觀察內部的情況。

外側的四角是建築物的牆，牆上的窗孔裝有望遠鏡，人可以從外面觀察內部的情況。

兩個大球分別重約160公斤，兩側的小球約重0.7公斤，分別吊在一根約長1.8公尺的木棒兩端。吊著小球的木棒被吊在頂上（F點），小球和木棒受力旋轉後，木棒簡諧旋轉的周期會受到與大球間的引力影響。在小球靠近大球改變旋轉方向的瞬間，來自大球的引力最大。例如，在週期30分的搖動中，與沒有大球時相比，小球在距離大球約20公分左右時，位置會被吸向大球1公分有餘。

3

力學之二（萬有引力）

米歇爾死後被轉讓給卡文迪許，並經卡文迪許之手復原，成功完成了測量。

這個裝置的下方吊著一個質量已知的大鉛球，旁邊掛著一個小鉛球，並可從吊繩的旋轉幅度計算出兩個鉛球間的引力大小。

測出引力大小後，再把這個值跟地球作用於小鉛球的重力互相比較，就能計算出地球的質量是大鉛球的幾倍。然後根據地球的質量，卡文迪許成功算出地球的平均密度大約是水的5.4倍多。而現在已知精確的數值是5.5倍。

只要稍微有一點氣流的干擾，這個測量方法的精確度就會大幅降低。因此，卡文迪許把扭秤搭建在一座大屋子中，並從屋外用看的來測量。結果測量結果非常正確，之後一百年間都沒有人能夠超越卡文迪許的精準度。

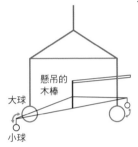

懸吊的木棒

大球

小球

(((**外溢效應**)))

在18世紀的天文學界，科學家已經能對**太陽系**的行星運動進行相當精細的測量，藉由牛頓的運動定律，只要知道一顆行星的密度，就能推算出其他行星的密度。例如只要算出地球的密度，就能利用萬有引力的關係算出月球的密度。

因此，卡文迪許成功測量並計算出地球密度的意義非常重大。不僅如此，更重要的是，他的實驗中還用到了與引力有關的比例常數。儘管這在當時並未受到重視，但由於他算出來的值精度很高，因此後人成功由此計算出了萬有引力常數。

什麼是萬物皆有的「萬有引力」？從生活思考科學！

我們身邊所有的物體一旦失去支撐，就會因為重力而掉到地上。這是因為地球的萬有引力會吸引物體。當然，不僅僅是地球上的物體，宇宙中的天體也有萬有引力的存在。

地球和我之間也存在萬有引力

萬有引力是必然存在於兩物之間的作用力。且萬有引力的大小 F 與兩物體的質量 m_1、m_2 的乘積成正比，與兩物的距離 r 的平方成反比。

$$F = G[m_1 m_2 / r^2]$$

這叫做萬有引力定律。

其中 G 是萬有引力的常數（6.67×10^{-11}〔$N \cdot m^2/kg^2$〕）。從 10^{-11} 這個數字就能看出，萬有引力是種非常弱小的力。

那麼，為什麼萬有引力明明是一種在兩物之間作用的力，地球上的物體卻單方面地被吸引向地球呢？首先，這是因為地球的質量非常非常大，大到無法無視萬有引力 F 的程度。根據 $F=ma$ 的關係式，物體會產生加速度 a。這個數學式表示的是作用力與質量和加速度的關係。當關係式中的 F 不變時，m 愈大則 a 愈小，m 愈小則 a 愈大。換言之，對於質量 m 無比巨大的地球，加速 a 幾乎等於不存在，因此地球不會移動。所以只有 m 相對於地球無比渺小的物體會產生加速度 a，出現我們看到的往下掉的現象。

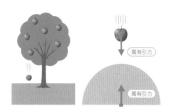

讓我們以地球的質量為 M〔kg〕，蘋果的質量為 m〔kg〕，寫出萬有引力作用在蘋果上時的運動方程式吧。其中假設地球距離地上物體的距離為地球的半徑 R〔m〕。雖然地表上存在地形的高低差，但這些高低差跟地球的半徑相比非常小，所以可以無視。

$$萬有引力 F[N] = G \frac{M \cdot m}{R^2} = ma$$

由上，可以得出 $G \frac{M}{R^2} = a$，產生的加速度並不會因蘋果的質量改變。換言之，不論 m 是大是小，a 都不會改變。而這裡的加速度 a 稱為**重力加速度 g**。

所以無論物體質量是多少，地球上的物體墜落時的重力加速度一律為 **g = 9.8m/s²**。

萬有引力與重力的差別

地球會**自轉**。假如地球不會自轉的話，那麼地球上的萬有引力就等於重力。然而，實際上地球會自轉，地球上的物體還存在離心力。因此，牽引物體的萬有引力會因地球的自轉而削減，所以實際上的重力等於**萬有引力和離心力的合力***。

同時，這個離心力還因緯度高低而異，所以不同緯度上的重力也不一樣。

***合力**　將方向不同的兩股力量整合為相同效果的一股力量。由力量的方向和大小來計算。

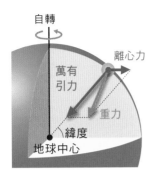

離心力≪萬有引力
重　力≒萬有引力

月球繞著地球公轉的原因

任何物體沒有支撐就會掉落地面。在天空飛翔的鳥兒也一樣，一旦停止振翅就會掉下來。那麼，為什麼月亮不會掉下來呢？

其實月球一直都在往下掉。只不過與此同時它也在直線遠離，結果就像甩鏈球一樣一直在原地轉圈圈。在地球上將物體往前拋，物體會向下圖的軌跡A一樣，一邊朝投擲方向筆直往前飛，一邊又朝地心下墜，最終碰到地面。但假如我們用更強的力量投球，軌跡就會變成B那樣，飛得更遠才落地。而如果不斷用更強的力量投球，球的軌跡最後就會像C一樣繞著地球轉。

這就是圍繞地球的**圓周運動**。能夠從地表發射物體繞地球做圓周運動的速度稱為**第一宇宙速度**，可用 $v = \sqrt{gR}$〔m/s〕表示。人工衛星之所以能繞行地球就跟這個速度有關。

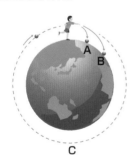

月球重力只有地球的六分之一

只要是由原子構成的物體都具有質量。這點不論在地球上還是在宇宙都不會改變。在地球上，物體會受到與質量成正比的重力影響而被吸向地球。而重力的大小則是 $F = mg$〔kg·m/s²〕。

把物體放在彈簧秤或電子秤上得到的數字就是

重力的大小。這稱之為**重量**。

即使移到月球上，物體的質量也不會改變。然而，月球作用於物體的重力跟地球不一樣。月球表面的重力只有地球的六分之一，所以物體在月球上的重量也只有地球的六分之一。

地球：60kg　　**月球：10kg**

體重60kg的人，站在彈簧秤上所量出來的體重是⋯⋯。

宇宙觀的變化

過去有相當長一段時間，人類一直認為地上世界跟天上繁星所在的天界，是由不同自然法則主宰的。

古代印度的宇宙觀。古代文明的其中一個宇宙觀，認為大地是被三頭站在巨大龜甲上的大象支撐的。大地的中心聳立著須彌山，而太陽和月亮都繞著這座大山旋轉。

然而，經過伽利略和牛頓等用全新角度思考世界的科學家之努力，人類終於發現，不管是地球上的物體運動，還是繞著太陽公轉的行星運動，全都服膺於相同的物理定律。

無論是地上抑或天界，所有的運動都平等地屬於這個名為「宇宙空間」世界之運動，而物體不分行星、石頭、生物，都是會受萬有引力互相影響的有質量物體，而它們的運動也都服從於相同的運動定律。

牛頓活躍時代的日本

「重力」這個譯詞的誕生

在牛頓因大學遇到瘟疫流行而關閉，回到故鄉在庭院裡看到蘋果落下的這段時期，日本正處於幕藩體制日益穩固，剛開始著手編寫『和蘭陀風說書』（記錄國外情勢的資訊類書籍）。自此以後，國際間的情報開始進入江戶。根據紀錄，來自歐洲的科學知識，在此時期頻繁地經由荷蘭傳入日本。

然而，當時的日本曆法仍使用奈良時代從中國引進的老舊知識，自遣唐使廢止後就未曾更新，因此出現了許多錯誤。首先跳出來呼籲應該重新編修曆法的，便是後來成為幕府天文方的澀川春海（出生年分正巧介於七歲之差的虎克和牛頓中間），以及以和算（日本數學）為人所知的關孝和（據說與牛頓同年出生）。其中澀川更在水戶的德川光圀的支持下，以中國的新曆法為參考，改良出日本獨有的曆法，於1684年成功改曆。歷史上稱為「貞享改曆」。據說這套曆法成功預測了往後七十年的日食時間。

1687年（貞享四年），也就是德川綱吉發布生類憐憫令這年，牛頓出版了『自然哲學的數學原理』。當時也有一部分外文書籍被翻譯為日文。例如以自然哲學的數學原理為藍本，約翰·凱爾（John Keill，1671 – 1721年）的『真實的自然學暨天文學導論（Introductiones ad veram Physicam et veram Astronomiam）』（1725年）荷蘭語版，（1741年）便被志筑忠雄（1760 – 1806年）翻譯為『曆象新書*』。其中也包含了很多日文既有單字中不存在的概念，而「重力」這個詞，就是志筑忠雄想出來的。

志筑忠雄翻譯的『曆象新書』。上卷的開頭首次出現了「重力」一詞。照片攝自早稻田大學圖書館的藏書。

虎克與牛頓的恩怨

有些傳記作家將虎克描述為「被遺忘的天才」，這句話說得一點也沒錯。還記得我第一次聽到虎克的名號，是在國中的力學課上學習彈簧（虎克定律）的時候。相反地，牛頓幾乎是無人不知無人不曉，因此大概很多人都覺得虎克的研究與牛頓相比根本沒什麼了不起。但這麼想可就大錯特錯了。

虎克的一生做了很多豐富的實驗和觀察，並以此為基礎進行了縝密的研究。虎克比牛頓年長七歲，也給了牛頓很大的影響，牛頓本人起初也承認這點。然而，隨著兩人在萬有引力和光學上的爭論愈發激烈，這種針鋒相對的態度也從學術研究延伸成了私人的恩怨。而在虎克過世，牛頓當上皇家學會的會長後，由於皇家學會的搬遷，虎克的肖像畫和手製的實驗器具、眾多論文全都跟著亡佚，直到現在也沒能找到具有可信度的虎克本人之肖像畫。此外虎克和牛頓二人都沒有留下直系的子孫。

---

*曆象新書如今仍能找到標註為奇兒·著，志筑忠雄·譯的手抄本。作者欄的「奇兒」就是原作者凱爾當時的音譯字。

對力學建立貢獻卓著的眾多科學家

希臘時代		
	西元前776年	第一屆奧林匹亞運動會（奧林匹克）開啟了力學研究的第一步
	西元前7－6世紀	泰利斯「萬事皆有因」
	西元前6－5世紀	赫拉克利特 萬物的根源是「火」。
	西元前5－4世紀	柏拉圖 在柏拉圖學院教書。亞里斯多德的老師。
	西元前4世紀	**亞里斯多德** 哲學家暨最早的科學家。
	西元前3世紀	阿基米德 發現浮力。

希臘人的知識在西元7世紀前後傳到阿拉伯，並於11世紀後慢慢傳入歐洲，在文藝復興時期重新受到重視。

約1500年	李奧納多·達文西（1452－1519年） 研究摩擦力。名畫『蒙娜麗莎的微笑』作者。
1543年	哥白尼（1473－1543年） 於『天體運行論』提出地動說。提示了行星軌道的存在。
1600年	日本發生關原之戰。焦爾達諾·布魯諾因積極擁護哥白尼地動說而在義大利被處以火刑。
1609年	約翰尼斯·克卜勒（1571－1630年） 出版『新天文學』。提出行星軌道的運行法則。
1638年	**伽利略·伽利萊**（1564－1642年） 將在斜面落下實驗發現的力學定律整理出版為『兩種新科學』。推翻亞里斯多德的觀念。代筆記下伽利略口述者為他的學生托里切利。
1643年	**埃萬傑利斯塔·托里切利**（1608－1647年） 設計了水銀柱實驗。完成氣壓計報告。
1644年	**勒內·笛卡兒**（1596－1650年） 出版『哲學原理』。影響了後代的科學家惠更斯（1629－1695年）、牛頓、楊格（1773－1829年）等人。
1647年	**布萊茲·帕斯卡**（1623－1662年） 整理出版了『關於真空的新實驗』。
1654年	**奧托·馮·格里克**（1602－1686年） 實作了與真空有關的馬德堡「半球實驗」。
約1660年	羅伯特·波以耳（1627－1691年） 聘**虎克**當助手研究氣體。
1665年	**羅伯特·虎克**（1635年－1703年） 將顯微鏡的觀察筆記出版為『顯微術』一書。
1665年	**艾薩克·牛頓**（1642－1727年） 因瘟疫流行，劍橋大學關閉，回到鄉下老家想出了萬有引力定律和眾多數學猜想。
1666年	倫敦大火。大火後，**虎克**和克里斯多佛·雷恩（1632－1723年）幫助設計和重建都市。
1678年	**虎克**發表有關彈性體的復原力理論。
1684年	江戶時代，涉川春海推動貞享改曆，預測了日蝕。
1687年	**牛頓**『自然哲學的數學原理』出版。
1703年	**牛頓** 成為皇家學會會長。抹除虎克的功績。
1797－98年	**亨利·卡文迪許**（1731－1810年） 測量地球密度。引導了萬有引力常數的發現。
1879年	詹姆士·克拉克·馬克士威（1831－1879年）出版了『亨利·卡文迪許電學論集』，令科學界重新評價卡文迪許。

請遠離現場。

當你的工作變得愈來愈渺小時，你便更能看清它的全貌。

——李奧納多・達文西

遇到困難的問題，盡可能把它拆解成小的問題來想。

——勒內・笛卡兒

真理的大海，像個未被打開的世界，在我面前展開。

——艾薩克・牛頓

4 溫度

同時刻有華氏溫標和
攝氏溫標的溫度計

表達冷熱的共通單位「溫度」

所謂的冷熱，可用來表達氣溫、體溫、奶油食物的狀態等，自古以來便因與我們日常生活息息相關而受到重視，卻一直沒有被當成可普遍客觀測量的對象。

最早想出與現代溫度計類似之測量工具的人是伽利略（p.12）。他因說過「我們腳下的地球依然在轉動」這句名言而為人所知，確立了實驗和數學在科學上的重要性，並以思考實驗和抽象化的方法論激發了後世學者們的思考，是名符其實的近代科學之父。而伽利略發明的溫度計，也沒有只被當成一個珍奇器物就無疾而終，而是被以**塔斯卡尼大公斐迪南二世**成立的西芒托學院為首，對科學世界充滿好奇心的人們改良為「測量」「溫度」的工具，用來設定實驗的條件。

然而，由於在伽利略之後的很多年內，儘管器材的設計有長足的進步，但科學界對溫度的概念卻沒有跟著發展起來，因此直到牛頓（p.32、64）、華倫海特（1686－1736年）、**攝爾修斯**、列奧米爾（1683－1757年）等科學家的研究問世後，人們才開始用刻度將溫度數值化，變成具有參考點和精確值，任何人都能分享的概念。

在使用溫度計測量溫度的方法確立後，科學家也隨之揭開導致溫度變化的「熱」之真面目。之所以能有這些發現，得感謝蒸汽機這項利用熱能產生動力的技術幫助科技文明快速進步，在當時社會具有重要的地位。就像為了追趕跑在理論之前的應用技術，當時的科學家努力研究，陸續揭開了熱的神祕面紗。一如第5章「熱力學」將要介紹的，科學家最終發現熱並不是一種叫「熱質」的物質，而是能量的交換量，而溫度變化則是分子能量狀態的變化。然後，**克耳文男爵**又進一步從分子運動的角度想出了新的溫度標準。

塔斯卡尼大公斐迪南二世

塔斯卡尼大公斐迪南二世‧德‧麥地奇（1610 － 1670 年）／義大利

在曾援助過伽利略（p.12）的第四代大公科西莫二世死後，於十一歲時即位為塔斯卡尼大公。他沒有統治的才能，但喜歡援助科學家和藝術家，使許多寶貴的知識得以留存後代。尤其是和弟弟利奧波德樞機卿於 1657 年協助成立的西芒托學院，更是科學家們進行研究、交流的場所，成為科學界「學會」的前身。

發明符合實驗科學需求的「溫度計」

創立學會前身的組織

在那個還不存在學會和學會期刊的時代，科學家們多是以書信來交流研究成果。例如伽利略（p.12）從友人那裡收到的「我弄了一台伽利萊式

義大利，佛羅倫斯的街景

溫度計，連續十五天記錄了當天的氣溫」書信，據說是現存最早有系統的溫度測量計紀錄。

而也是在那個時代，為了提供科學家一個學習和研究知識的場所，被視為希臘學院活動復興的一環，義大利的佛羅倫斯開始建造「學院」。這是大概 17 世紀時的事。西芒托學院便是其中之一。西芒托（Cimento）就是實驗和嘗試的意思。

重視實驗，留下報告集

西芒托學院十分重視實驗。

同時，學院的成員會把在這裡進行的各種各樣的實驗用手寫的方式詳實紀錄和整理下來，留下許多包含實驗成果的**報告集**。

學習與探究知識的場域——「學院」

16 世紀時養育了李奧納多‧達文西（p.18）的佛羅倫斯，在 17 世紀初又孕育出吸引了對各種科學抱有興趣之人的猞猁之眼學院。猞猁也就是山貓，一般認為這個名字的由來，是象徵來此的都是具有山貓般「慧眼」之人士。伽利略也是此學院的一員。

而西芒托學院則是猞猁之眼學院關閉約二十五年後才成立的，此時離伽利略過世大約過了十五年。西芒托的成員中也有伽利略的學生，因此學院內對溫度和真空等伽利略曾研究的主題，做了許多深入的實驗。

西芒托學院製作的實驗
紀錄報告集封面

換熱量。除此之外，他還改良了溫度計的強度和攜
帶性，做了很多與溫度有關的研究。

伽利略溫度計（Thermoscope）

這些報告集在完成後都會被呈給身為金主的斐
迪南二世。而且很罕見地沒有使用任何多餘的裝飾
性文體，只是樸實地記錄了準備方式、用了哪些物
品、以及實驗手法，已可窺見現代科學論文樣式的
雛型。而在主導實驗的同時，斐迪南二世本人也相
當熱衷於研究如何製造溫度計。

在西芒托元院旁觀實驗的斐迪南二世（坐在中央椅子上的白
衣人）

西芒托學院設計的溫度計之一

費盡心思，致力改良溫度計

1650 年代前後，由於伽利略發明的溫度計很
容易受到大氣變動影響，因此科學界想出了另一種
不會受到外界壓力干涉的液封式溫度計。而它的發
明者正是斐迪南二世。他在西芒托學院把液體封入
細玻璃管，如此一來就能利用液體的熱漲冷縮來反
映溫度的微小變化。不僅如此，由於液體若膨脹太
過頭，就會無法及時反映四周的溫度變化，因此他
還使液體分流，用了許多巧思使其能迅速與外部交

(((外溢效應)))
以實驗探究自然的態度始於伽利略，而西
芒托學院將這些實驗以報告集的形式記錄下來
供後人參考，是一件非常重要的事。不僅如
此，後來「學會」這個學術振興的據點更擴散
到全歐洲，其先驅者的貢獻簡直難以估量。

而在科學研究方面，西芒托的科學家將溫
度計的概念化為現實，並積極研究各種物體遇
熱膨脹的情形，陸續想出了空氣溫度計、酒精
溫度計、水銀溫度計，以及考慮了氣壓問題的
空氣溫度計等。

攝爾修斯

安德斯・攝爾修斯（1701 － 1744 年）／瑞典

自祖父輩起就世代是瑞典的天文學家，攝爾修斯也繼承了父業，於 1730 年進入烏普薩拉大學擔任天文學教授。在各國知名天文學家的協助下，攝爾修斯造訪了歐洲各地的天文台增廣見聞。活躍於緯度計量、極光調查等領域，直到 1744 年因肺結核病逝前一直都在上述大學任教天文學。

想出可共享的「溫度標準」和「刻度」

活躍的天文學家

氣溫的單位〔℃〕中文讀作攝氏○度，而這個攝氏溫標的提倡者就是攝爾修斯。攝爾修斯在世時雖然是名天文學家，死後卻成為溫度的單位留名後世。這是因為在 18 世紀的瑞典，身為天文學教授的攝爾修斯進行了很多包含今日屬於地球科學範疇內的**地理測量**和**氣象觀測**等研究。

不僅如此，在攝爾修斯的時代，人們開始認識到科學研究中單位的必要性和重要性。以長度和重量為首，科學家們摸索出各種不同的共通單位；而在溫度方面，人們也圍繞著精心設計的溫度計應該以何為標準，提出了許多觀點。

應該以什麼為溫度的標準？

由於當時的溫度計是用手製的玻璃管為材料，所以很難大量生產出度數變化完全相同的產品。也因為這點，對於溫度的標準，科學界起初比起嚴謹性和客觀性，更傾向選出一種易於判別的基準。譬如以結冰期的氣溫或深層地下室的溫度為低溫標準，以牛或鹿的體溫或奶油融化之溫度為高溫標準。

而直到 1665 年，惠更斯（p.66）發現水沸騰的溫度是固定的，以及水的冰點等特性後，人們開始產生以水的相態變化為基準的想法。

例如，華倫海特以冰的融點、水的沸點、以及人的體溫為錨點，製作了具實用性的溫度計；而牛頓（p.32、64）則提倡以雪融化的溫度為 0 度，水沸騰時的溫度為 33 度；另外法國科學家兼昆蟲學家的列奧米爾，則想出了以冰點時的酒精體積為基準的方法。

提出以水的沸點、冰點為基準

而攝爾修斯則把目光放在任何人都能接受的基準，也就是以水在標準狀態的沸點為 0 度，以水的冰點為 100 度。最後，他在 1742 年的論文中，首次提出了與現代的刻度恰好相反，以水的沸點和冰點這兩點為基準劃分刻度的方法。

為了嚴格確定高溫和低溫的兩個錨點，攝爾修斯還特地把溫度計埋進剛開始融化的雪中。然後量出水在沸點和冰點兩種狀態時**水銀柱的高度**差（長），將其分成 100 等分。此外他還把刻度延長至沸點和冰點外側，以相同間隔畫上刻度，想出了測量 0 度以下和 100 度以上溫度的方法。

(((外溢效應)))

　　由於溫度計可用於生物、氣象等，用途廣泛，因此很快就被投入實用，並隨著工業的進步逐漸成為不可缺少的必備工具。

　　1768年前後，日本的平賀源內（1728－1780年）仿製了荷蘭引進的溫度計，並命名為寒熱昇降器。他在刻度表寫上了「極寒、寒、冷、平、暖、暑、極暑」的漢字和華氏數字。溫度計內的液體據現代推測是酒精。另外，同樣在江戶時代，1847年時中村善右衛門設計出養蠶用的溫度計，引進了原本只能靠直覺控溫的蠶種製造業*，設法找出最適合飼養的穩定溫度。

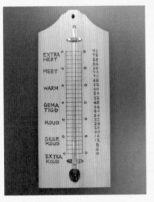

平賀源內溫度計的復原品

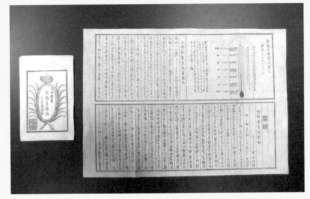

平賀源內製作的溫度計解說圖。兩者皆收藏於平賀源內紀念館。

*蠶種製造業　製造給蠶產卵的台紙，或進行蠶的品種改良之行業。調整蠶的孵化時期時，必須使環境保持在適合的溫度。

華氏和攝氏

　　聽到沸點是0度，冰點是100度，相信很多人都覺得很不可思議吧？其實現代所用的溫度標準，是在攝氏死後才反轉過來的。背後的原因有各種說法，目前普遍認為是溫度計製作者埃克斯特龍（Daniel Ekström，1711－1755年），或將攝氏溫標計應用在實驗中的卡爾·林奈（1707－1778年）為使其更便於使用才改成現在這樣。

　　華倫海特提倡的溫度標準，則是華氏溫標〔℉〕，直到最近仍有許多英語國家使用，廣泛留存。華氏溫標示是以冰、水、和氯化銨的混合物為低溫標準，並以人血液的溫度為高溫標準設計的刻度，華氏100度就相當於人感冒發燒時的

1741年攝爾修斯創立之烏普薩拉天文台的版畫。

體溫。至於攝氏、華氏的簡稱，則源於攝爾修斯和華倫海特兩人的中文譯名。

克耳文男爵

克耳文男爵威廉·湯姆森（1824 － 1907年）／英國

　　物理學家。後來由於繼承爵位，除了以湯姆森的本名留名物理原理外，更以克耳文男爵的名號立下許多功績，成為絕對溫標的單位「克耳文〔K〕」的由來。因此兩人其實是同一人物。在熱力學、電磁學、流體力學都有重要貢獻，研究領域很廣，活躍於同時代但小他七歲的馬克士威（p.108）也有受到他的啟發。

確立熱力學的「溫度概念」

連分子層級的溫度也能表達的絕對溫標

　　湯姆森在從劍橋大學畢業後來到巴黎，看到一篇別人介紹的卡諾（p.54）的論文『論火的動力』後，為當時並未引起太多重視的卡諾之發現驚為天人。湯姆森認為卡諾闡述的理論使熱力學踏出了全新的一步，極其重要。因此，湯姆森以卡諾的理論為基礎，使原本只能用來比較不同物體冷熱狀態的溫度標準進一步發展，倡議科學界定義一套可以運用於所有物質上，表現分子層級狀態的絕對溫標。

溫度的下限是「絕對零度」

　　物質中的分子和原子隨時都在運動。當原子和分子劇烈運動時，就是所謂的高溫狀態。而溫度愈低，分子的運動就愈緩和。以此推論，理論上應該也存在分子和原子完全靜止不動的狀態。湯姆森將這個溫度稱為**絕對零度**，若從分子和原子的狀態來思考，那麼這世上不可能存在比絕對零度更低的溫度。絕對溫度可表示為0〔K〕，相當於攝氏溫度－273.15℃。但在絕對溫標中，溫度並沒有上限。

	攝氏	華氏	絕對溫標	原子·分子的運動
氣體				
液體	100℃	212℉	373K	
	0℃	32℉	273K	
固體（冰）				
	-273.15℃	-460℉	0 K	

水的三態圖

因眾多功績而獲封爵位

湯姆森在1892年因立功無數而被封爵,成為第一代克耳文男爵。

除此之外,克耳文男爵還曾在牛津大學聽了焦耳(p.56)的演講後看出了「焦耳實驗」的重要性,給予其很高評價。後來,克耳文男爵協助焦耳對熱力學進行了深入的研究,共同發表了「焦耳－湯姆森效應」。

同一時期,克耳文男爵還發現熱能在轉換成力學上的功時,一定會產生損失,不可能完全有效利用。而這就是現在所說的熱力學第二定律(p.59)。

格拉斯哥的凱文葛羅夫公園內之克耳文男爵塑像。克耳文男爵曾在格拉斯哥大學擔任自然哲學(物理學)教授很長一段時間。

（（（ **外溢效應** ）））

引進絕對溫標後,溫度從單純人體的感受和環境指標,變成一種可以表達所有物質熱力學狀態的概念。這個認識使溫度成為設定實驗的條件之一,受到科學家重視。同時也間接讓思考宇宙狀態的基準變得更加明確。

 花絮

與日本也頗有淵源的克耳文男爵

克耳文男爵身為熱力學的研究者,曾利用熱傳導的冷卻速度推算出地球的年齡,並以地球年齡不夠老為由,否定了達爾文的演化論。因此當時在名實上都領導著整個物理學界的克耳文男爵,某種層面反而阻礙了生物學的發展。

同時,明治時代時日本政府雇用的外國顧問,近八成都是英國人,而其中很多更是克耳文男爵的學生或關係人。例如引導了日本物理學發展的明治時代物理學家田中館愛橘(1856－1952年)在留學格拉斯哥時,就是在克耳文男爵門下學習物理,還在克耳文男爵家住了一年左右。而克耳文男爵也因為對日本的科學、技術發展扮演重要角色,在1901年獲日本政府頒發勳一等瑞寶章。

於格拉斯哥大學留學時的田中館愛橘(照片中第一排最右側的人就是田中館。第一排左起第三個人則是克耳文男爵)。此照片藏於二戶市市民中心田中館愛橘紀念科學館。

仍留存在格拉斯哥大學的田中館的學籍登記簿

什麼是「溫度」？從生活思考科學！

請找出右圖中炎熱——也就是我們一般認為屬於高溫的物體，以及寒冷——一般認為屬於低溫的物體。相信大家應該很自然就能找出來對吧。我們在成長的過程中，都會不知不覺地掌握身邊物體的溫度概念。

如今我們已經能夠推算太陽內部的溫度，且高溫在理論上不存在上限。但另一方面，低溫的極限可以從構成物質的微小粒子（原子或分子等）的活動狀態推算出極限。

而這世上不存在低於所有粒子都靜止不動的狀態，也就是比**絕對零度**還冷的世界。

加熱或冷卻物體來利用

溫度代表的是物體的「一種狀態」。而我們則常常利用某些方法把物質從「某種狀態」變成「其他狀態」來使用。最原始的加熱方法就是「火」。早在一百多萬年以前的古人類遺址中，就已經發現了用火的痕跡。

而冷卻的方法則是利用水分的蒸發。已知在古埃及印度，人們會把水倒進素陶壺，讓水分從陶壺的表面蒸發，利用**汽化熱**來使內部冷卻。還有，在

沙漠地區的文明也想出了把富含水分的水果切成薄片後晾在風中冷卻的方法，且這個技巧現在仍然有人使用。

而現代人則想出了更多各式各樣的方法來加熱或冷卻物體。

科學需要一個不依賴體感的溫度標準

如下圖可見，體感這種東西因人而異。然而在做實驗的時候，若光靠感覺來判斷冷熱，很容易導致意見歧異，使實驗室礙難行。人類最早開始尋求客觀的溫度標準，據說是源自古代的醫生，當時他們想要知道人的體溫。然而，第一個想出可以稱為溫度計的東西，並發現空氣在不同溫度時的**熱漲冷縮**現象的人是伽利略。伽利略製作了一種名為**空氣溫度計**的實驗性裝置。也有另一說法認為空氣溫度計是義大利醫師散克托留斯（1561 － 1636年）發

明的。溫度計在發明出來後馬上就被醫學界用來進行定量的計測，並催生出更實用的改良版和刻度標準。

溫度計測量溫度的原理

把熱水倒進冰冷的茶杯，不久後茶杯也會跟著變熱。最後冷茶杯會變熱，而熱水則會變涼，直到兩者的溫度相同。這個現象叫做**熱平衡**。

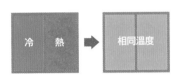

此時，假如茶杯很大、杯壁很厚，而熱水的量很少，達到**平衡溫度**時的溫度會比較低。相反地如果在很薄的茶杯中倒入滿滿的熱水，杯子就會一下子變得很燙，熱水則幾乎不怎麼變涼。

而溫度計也是利用跟要測量物體間的熱平衡來測量溫度的。在測量如大氣等物體的溫度時，因為溫度計很細，而要測量的物體很大，幾乎不會受溫度計的溫度影響，所以溫度計可以顯示出該物體的溫度。

相對地，溫度計要測量的是總量很少的物體，溫度很容易受到溫度計影響的話，就沒法用溫度計測量。譬如一滴小水滴的水溫就沒法用普通溫度計測量。

每種物質融解和沸騰的溫度都不同

每種物質融化和沸騰的溫度都不一樣。其中由於水的融化和沸騰溫度最為人所知，所以愈來愈多人認為應該以水作為溫度計的基準。

〈溫度的單位〉

	克耳文溫標	攝氏溫標	華氏溫標
絕對零度	0	-273.15	-459.67
華氏製冷劑*	255.37	-17.78	0
水的融點（標準狀態下）**	273.15	0	32
地球表面的平均氣溫	288	15	59
人的平均體溫	309.95	36.8	98.24
水的沸點（標準狀態下）**	373.15	100	212
太陽的表面溫度	5800	5526	9980

*由冰、水以及氯化銨混合而成的液體　**1大氣壓下

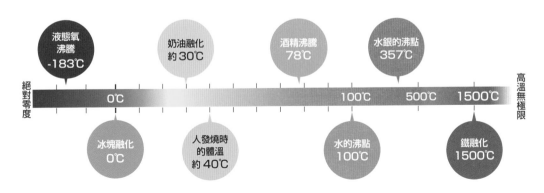

在思考溫度標準時，人們曾想出以冰點或水結冰時的空氣溫度為低溫標準，以「自己的手可以忍受的最高水溫」和「牛或鹿的體溫」、「奶油融化的溫度」、「人的血液溫度」等各種不同為高溫標準。

「溫度計」的發展史

利用空氣的熱漲冷縮

1590年代 伽利略溫度計誕生（有一說認為是散克托留斯發明）。

↓

1600年代初期 散克托留斯發明醫療用的口內溫度計。

1615年 喬瓦尼・弗朗切斯科・格梅利・卡里裡（1571－1620年，義大利科學家、數學家，伽利略的友人）改良伽利略溫度計，加上刻度，並設計出攜帶式的體溫計。

因空氣會受氣壓影響，故改用液體當材料

1654年 塔斯卡尼大公斐迪南二世（p.42）把酒精封入密閉的玻璃管，留下最古老的溫度觀測紀錄。他選出兩個溫度當參考點，用等分法劃出刻度。

↓

1659年 伊斯梅爾・布爾利奧（Ismaël Boulliau，1605－1694年，法國天文學家、數學家 首位被選進皇家學會的外國人）用有刻度的溫度計記錄了長達兩年的溫度觀測紀錄。

1665年惠更斯（p.66）發現水沸騰的溫度是固定的

1694年 卡洛・雷納爾迪尼（1615－1698年，義大利物理、數學家 西芒托學院正式會員）以水的融點和沸點為基準溫度。

↓

1700年前後 牛頓（p.32、64）提議以冰融化的溫度為0度，以水沸騰時的溫度為33度。

↳

1702年 奧勒・羅默（1644－1710年，丹麥天文學家、數學家，計算出光的速度）以鹽水的凝結點為0度，後來又改以水的凝結點為7.5度，沸點為60度。

紀堯姆・阿蒙頓（Guillaume Amonton，1663－1705年，法國物理學家 進行過溫度等研究）提出絕對零度的概念。

↓

1724年 G・D・華倫海特（p.45）改良了液柱，製作出酒精溫度計、水銀溫度計。提出華氏溫標。

↓

1742年 攝爾修斯（p.44）用水銀溫度計提出攝氏溫標（但0和100與現在相反）。

↓

1768年 平賀源內（p.45）仿製荷蘭引進的溫度計，標上華氏刻度和「極寒、寒、冷、平、暖、暑、極暑」，命名為寒熱昇降器。

↓

1848年 克耳文男爵（p.46）確立絕對溫標（克耳文溫標）的概念。

↓

1871年 維爾納・馮・西門子（1816－1892年，德國發明家、電氣工學家）利用金屬的電阻和溫度的關係，設計出電阻溫度計。

↓

1886年 勒沙特列（1850－1936年，法國化學家，冶金和燃燒現象的研究者）、賽貝克（1770－1831年，德國物理學家）發現由兩種金屬接合而成的迴路，可以利用結點處的溫差產生電流，利用此效應，開發出了利用測量電動勢得知溫差的熱電偶溫度計。

5 熱力學

水蒸氣

現代渦輪的原型，「汽轉球」。
本圖是參考明治大學經營學部佐
野研究室對希羅原始設計圖的復
原圖所繪。

熱力學是隨著技術一同發展的

熱力學的研究始於以熱能為動力的熱機。我們知道水變成水蒸氣後體積會增加。早在希臘時代，希羅（約生於西元前1世紀〈生卒年不詳〉，數學、物理學家）便想出利用這個性質推動物體的方法。他用發明了一種名叫「汽轉球」的玩具（上圖），藉由中空的導管把水蒸氣引入球中排出，讓球旋轉。這可以說就是現代渦輪發動機的原型。

後來到了17世紀，真空泵被發明，受其影響，科學家們開始研究氣體壓力和體積之間的關係。同時，隨著溫度計的發明和改良，氣體與溫度之間的關係也被揭開，接連發現許多時至今日依然在使用的重要定律。而產業界也積極應用科學界的新發現，在18世紀時，由湯瑪斯・紐科門設計出利用蒸氣來產生超越人力和畜力的巨大動力的蒸汽機。**瓦特**隨後在改良蒸汽機的過稱中奠定了熱力學理論，引起了**工業革命**和交通革命，大大改變了社會。今天用於火力和地熱發電的渦輪機關，也是利用蒸氣吹動渦輪葉片來轉動線圈發電的。

然後，為了提高熱機的效率，**卡諾**和**焦耳**推動了熱力學理論的發展。換言之，熱力學是理論與技術完美結合，共同發展起來的。然而也正因為如此，在那個重視以純粹學術研究為目的之時代，與其他物理學學科相比，熱力學特別受到科學界輕視，甚至直到今日也是如此，十分令人惋惜。

因此這裡刻意選出了在熱力學上與應用領域息息相關的三位科學家，讓大家知道他們的思想在方法論上與「純理論物理學」相比毫不遜色。在今天，熱現象的主流是用分子和原子的運動來詮釋。然而他們卻能在那個連分子的存在都還沒被證實的年代，深入探討肉眼可見的壓力、體積、溫度等變化的關係，建立了熱力學這門學問。

瓦特

詹姆斯・瓦特（1736 － 1819年）／英國

　　出生於蘇格蘭，受到經營造船、建築業的父親極大影響。儘管畢業後選擇成為工程師，但在格拉斯哥大學內有一間自己的工作室，因與教授的交情，開始以科學性方法研發蒸汽機，對工業革命有貢獻卓著。一生獲得了皇家學會的會員和格拉斯哥大學法學博士等榮譽。

通過改良蒸汽機建立了熱力學的基礎

減少蒸氣的無謂耗損，提高運作效率

　　瓦特在格拉斯哥大學受託修理上課要使用的紐科門（1663 － 1729年）蒸汽機時，注意到其設計浪費了太多蒸氣，於是心生改良的念頭。他研究了蒸氣的性質，最後發現造成浪費的主因，是紐科門為了凝結蒸氣而冷卻了汽缸。對於這一發現，朝永振一郎（1906 － 1979年）在其著作中寫道「這件事如實顯示了瓦特並非單純的商人」。

紐科門蒸汽機

圓頂型鍋爐內的蒸氣會進入上方的汽缸，推動汽缸上面的活塞上下運動，產生動力。

英國倫敦的科學博物館內展示的瓦特蒸汽機

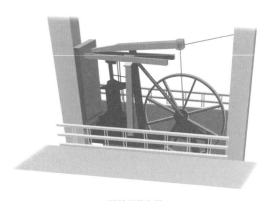

瓦特的蒸汽機

瓦特的改良方案

瓦特為了解決這個問題，想出把蒸氣的冷凝器和汽缸拆分開來的方法。就這樣，瓦特成功讓汽缸得以保持高溫，使效率有了飛躍性的提升。

之後，瓦特繼續開發蒸汽機，並在過程中利用熱能產生動力的熱機有了以下發現。

---

1. 熱機是由「爐」、「冷凝器」、以及「能在兩者間自由來去的工作物質（通常是水）」這三個要素組成。
2. 想要**做功**，不能只有高溫（爐），低溫（冷凝器）也是必要的。
3. 功是由工作物質之體積變化產生的。

這裡所謂的功，指的是由熱產生的**動力**，而在現代則是用來表示能量轉換量的物理量（p.57）。能量有光、熱、電等各種不同型態，要設定一個共通的單位相當困難。因此，當能量轉換為其他型態的能量時，我們習慣用可以使物體移動多少的力學物理量來定義這個轉換量。這就是功。

(((**外溢效應**)))

瓦特為了比較不同機器的性能，先根據現實中一匹馬實際拖拉貨物時的出力、移動距離、花費時間算出平均值，將原本十分曖昧模糊的「馬力」這個概念，定義為在1分鐘內使33000磅的物體移動1英尺（約4500kgf／m）*。後來這個數值被定為**功率**的單位瓦特〔W〕。以日本的計量法來算，1馬力等於735.5〔W〕。

瓦特發現的這三點，後來被下頁將登場的卡諾理論化。卡諾在自己的著作中寫到「瓦特幾乎完成了所有蒸汽機可做的偉大改良，是一位做出了今人難以超越之機器的人物」。

* kgf　kgf=kgw=千克力。重量和力的單位。

英國工程師特里維西克（1771－1833年）發明的蒸汽機車「Catch Me Who Can（誰能追上我號）」的復原圖。

在散步時思索改良方案

瓦特在回憶自己當年如何想出改良紐科門蒸汽機時，曾經這麼說過。

「那是一個晴朗的星期日下午，我出門去散步。我從夏洛特街尾的城門進入草原，走過一間老舊的洗衣店。我不停思考蒸汽機的事，一路來到一間小獸棚。而就在那個瞬間，一個想法從我腦中閃過。想法是這樣的：因為蒸氣是一種彈性體，所以能衝進真空中。如果把汽缸和排氣的容器連通的話，那麼蒸汽猛然衝進真空裡，說不定就可以在不使汽缸冷卻的情況下，使蒸汽在容器中凝結。」

卡諾

尼古拉・萊昂納爾・薩迪・卡諾（1796 － 1832年）／法國

生於巴黎，父親曾隨拿破崙的興衰當過政治家、軍人，也是一名科學工程師。曾就讀於巴黎綜合理工學院，從事熱運動的研究，但在1832年染上霍亂，年僅三十六歲便過世。由於是染上霍亂而死，因此卡諾留下的研究成果幾乎都被焚燬殆盡。

確立熱的運動理論

沒能受到科學界重視的卡諾定理

1815年拿破崙失勢，法國與英國重新建交後，瓦特改良蒸汽機的消息也終於傳入法國。卡諾為了提高熱機的效率，深入研究熱機的本質，在1824年發表了『論火的動力』（右）。然而當時這篇論文被認為研究的是技術問題，因此幾乎沒有受到學會的關注，很快就被遺忘。

金澤工業大學圖書館
中心藏書

卡諾在研究之中表示「對於熱運動這個現象的計算，時至今日，依然沒有任何理論做過足夠的考察」，對當時的現狀感到憂心。而卡諾則在研究瓦特等人設計的蒸汽機後，發現了「熱的最大動力，與用於產生動力的工作物質無關，只與熱移動時高溫熱源和低溫熱源的溫度有關」，而這就是「卡諾定理」。

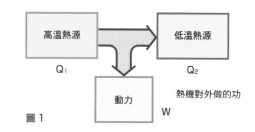

圖1

因對「永動機」的嚮往而發展出來的熱力學

如果這世上存在一台不用提供任何能量也能永遠運作下去的機器，那該有多好啊。這種機械就叫做**永動機**。一如化學是由煉金術發展而來，熱力學某種層面上，也是從對永動機的夢想發展而來的。然而諷刺的是，熱力學的兩項定律，卻證明了永動機永遠不可能誕生。

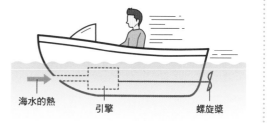

第二類永動機（違反熱力學第二定律的機器）一例。利用溫暖海水的熱驅動冰冷的引擎，使螺旋槳運轉的設計。然而，由於引擎會因摩擦熱而瞬間變暖，使低溫熱源消失，因此船依舊會停下來。

熱機的「卡諾循環」

卡諾為了導出卡諾定理的結論，設想了一種由氣體運作的理想熱機（**卡諾熱機**）。卡諾循環是由下面四個過程構成的。

1. 等溫膨脹（溫度維持不變的狀態下體積增加）：氣體從保持在高溫 t_H 的「熱源」吸收熱量。
2. 絕熱膨脹（在沒有熱量出入的狀態下體積增加）：氣體的溫度下降到 t_L。
3. 等溫壓縮（溫度維持不變的狀態下體積減少）：氣體向保持在低溫 t_L 的熱源釋放熱量。
4. 絕熱壓縮（在沒有熱量出入的狀態下體積減少）：氣體的溫度回到最初的高溫 t_H。

在這一次循環中，系統從高溫熱源獲得熱量，然後將一部分的熱量釋放給低溫物體，藉由膨脹和壓縮的過程向外做功。由於卡諾循環圖中被藍線圍住的部分是「壓力（力／面積）×體積」，也就是「力×距離」，因此這個面積愈大，做功便愈多，可知熱機的效率，是由高溫熱源的溫度 t_H 和低溫熱源的溫度 t_L 決定的。

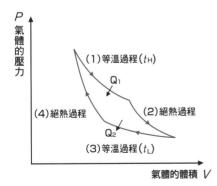

P 氣體的壓力

(1)等溫過程(t_H)

Q_1

(4)絕熱過程　　　(2)絕熱過程

Q_2

(3)等溫過程(t_L)

氣體的體積　V

圖2　卡諾循環的壓力和體積

熱效率有極限

卡諾還分析了熱機內的熱量流動，證明了**熱效率**存在最大值，也就是一定小於100%。換言之，使用熱機將一定量的熱轉換成力學能的時候，可獲得的力學能存在某個上限，且不論熱機使用的工作物質是水、空氣、或是其他物質，都不可能突破這個上限。這個概念後來被公式化，演變為「**熱力學第二定律**」。

熱效率在今天可用下面的公式算出。

$$熱效率 = \frac{熱機對外做功}{高溫熱源的熱量} \times 100$$

若用p.54的圖1中的符號表示則是

$$= \frac{W}{Q_1} \times 100$$

$$= \frac{Q_1 - Q_2}{Q_1} \times 100$$

$$= \left(1 - \frac{Q_2}{Q_1}\right) \times 100$$

當 $Q_2 = 0$ 的時候，熱效率就會達到100%。但如此一來，由高溫熱源移向低溫熱源的熱移動就會消失，熱機也無法運作。因此不可能存在熱效率100%的熱機。

(((**外溢效應**)))

由於英年早逝的緣故，卡諾在他的年代完全沒有受到學界重視，幾乎要被歷史遺忘。而拯救了他的名聲的，是他在巴黎綜合理工學院的同學克拉佩龍。克拉佩龍在1834年發表的論文中，以數學表達了卡諾用文字闡釋的理論。克拉佩龍的論文被翻譯為英文和德文，並由德國學者克勞修斯、英國學者湯姆森（後來的克耳文男爵）繼承。而這兩人則大力推進了熱力學發展。

焦耳

詹姆斯·普雷斯科特·焦耳（1818 － 1889年）／英國

焦耳生於英格蘭西北部一個富裕的造酒世家，從小跟隨專聘的家庭教師學習。而其中一名家庭教師就是道耳頓（1766 － 1844）。焦耳在自家改裝的實驗室中，造出當時誰也做不出來的高精度實驗設備，發現了好幾個重要的物理定律。可以說熱力學之所以能夠誕生，都是多虧了焦耳的財力。

發現熱和能量的關係，確立熱力學

發現焦耳定律

焦耳受到法拉第（p.106）影響，精確測量了穩定電流在導體內產生的熱量。這個過程中產生的熱就叫「**焦耳熱**」。然後焦耳發現在單位時間內產生的熱量，正好等於電流和電壓的乘積，這就是「焦耳定律」。

什麼是熱，熱和功的關係又是什麼？

就這樣，焦耳開始思考「什麼是熱」的問題。焦耳認為，熱的本質並不是一種叫熱質的物質，而屬於一種能量。

焦耳利用下圖的裝置，反覆測量了重物被抬升的高度與水溫上升的幅度，計算出重物的位能和使水溫上升熱量的關係。結果，他發現4.2〔J〕（焦耳）的位能轉換成了葉輪旋轉的動能，而葉輪轉動的功產生了1〔cal〕（卡）的熱量。而1〔cal〕的熱相當於4.2〔J〕的功這個比值，就叫做**熱功當量**。

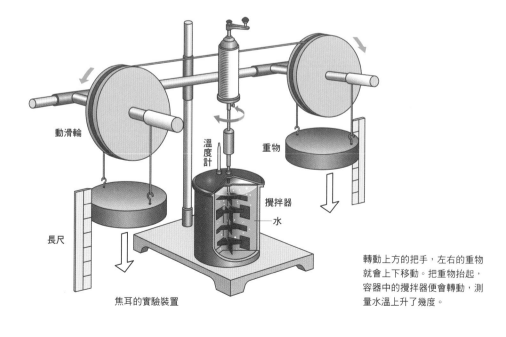

動滑輪

溫度計

重物

攪拌器

水

長尺

焦耳的實驗裝置

轉動上方的把手，左右的重物就會上下移動。把重物抬起，容器中的攪拌器便會轉動，測量水溫上升了幾度。

能量與功的計算單位

功轉換為熱的比率是固定不變的，焦耳的這項發現並未被當時的科學家接受。然而克耳文男爵（p.46）看出了這項發現的重要性，最後導出能量守恆定律。另外，德國的邁爾（1814－1878年）也跟焦耳一樣認為「熱是一種能量」，但所有雜誌都覺得邁爾的想法過於奇葩，不願刊登他的論文，因此直到焦耳用實驗證明了這個理論後，這篇論文才得以公開。而熱功當量的發現，最終導出了「物體的內能變化，等於物體吸收的熱量和對物體所作的功之總和」的**熱力學第一定律**。

焦耳因為這項功績而成為能量和功的單位。即 $1〔J〕= 1〔N \cdot m〕$。

$1〔N〕$ 的力使物體朝力的作用方向移動 $1〔m〕$，就等於做了 $1〔J〕$ 的功。

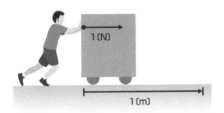

另外，在以前曾廣泛使用〔cal〕當成熱量的單位。$1〔cal〕$ 就是使 $1〔g〕$ 的水溫度上升 $1〔℃〕$ 所需的熱量。而營養學中的 Cal（卡路里）則等於 $1000〔cal〕$，由於很容易搞混，所以通常會標示成 Kcal。

為了做研究差點傾家蕩產

焦耳因長年把錢用來製作實驗裝置，一度用光了所有的財產。直到1878年以後，得到政府每年兩百英鎊的補助，以及皇家學會提供的研究經費，實驗才得以繼續下去。

焦耳也曾研究過磁性體，其成果在明治時代初期，由來自英國的外籍教師傳給了長岡半太郎（1865－1950年）和本多光太郎（1870－1954年）。

(((**外溢效應**)))

焦耳與威廉·湯姆森（即克耳文男爵，p.46）私交甚篤。湯姆森曾猜想壓縮後的氣體，在急速膨脹時溫度應該會下降，並把這個想法告訴焦耳。於是焦耳實際做了個實驗，證實了這個猜想。此現象後來被稱為「焦耳－湯姆森效應」，如今也被應用於液態氮的製作。

液態氮的原料，是由氮氣和氧氣混合而成的空氣。先把空氣壓縮後，再使其急速膨脹，在溫度下降的過程中，由於氧氣液化的溫度較高（－183℃），因此會先分離出來，接著再繼續降溫就能得到液態氮（－196℃）。

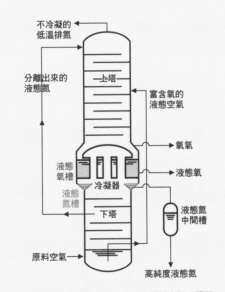

製作液態氮的裝置。從下方送入原料空氣，即可分離出氧氣，只留下高純度的液態氮儲存在液態氮槽內，再送入右邊的中間槽。
（參考：川口液化化學株式會社網站）

認識熱力學的發展史！

熱力學這門領域，若沒有波以耳對氣體定律（壓力與體積與溫度的關係）的探究，也許就不會誕生。

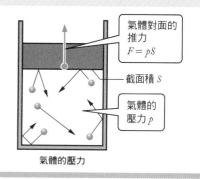

氣體的壓力

因對氣體的研究而誕生的領域

1660年，波以耳在『關於空氣彈性及其物理力學的新實驗』這篇論文中，揭示了空氣具有彈簧般的性質。然後，在1662年發表的改訂版論文中，他明確闡述了知名的**波以耳定律**，使世人知道氣體的體積和壓力的乘積總是固定不變的（氣體的體積和壓力成反比）。

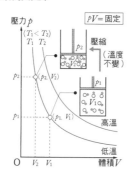

氣體的壓力和體積的關係。波以耳定律。

1802年，給呂薩克在研究中得出「所有氣體和蒸氣，不論密度與總量如何，在相同溫度間的膨脹率全部相同」的結論。但由於他參考了雅克·查理未公開的數據，因此此發現被命名為查理－給呂薩克定律，後來多稱為**查理定律**。

波以耳定律和查理定律，又合稱波以耳－查理定律。

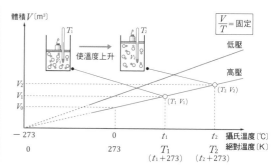

氣體的壓力和體積的關係。查理定律。

熱的真面目是分子的運動

另一方面，在紐科門和瓦特等人不斷改良下，蒸汽機技術突飛猛進。為了提升蒸汽機的效率，熱的概念迅速受到重視。最初科學家認為溫度變化的原因，是一種叫**熱質**（Caloric）的物質進入物體所致。但在18世紀末，倫福德伯爵從摩擦大砲砲身時的摩擦生熱現象，推測並提出熱現象是由分子的運動所產生的理論。同時期的戴維，也因觀察到真空中的冰只是彼此摩擦就會融化的現象，而有同樣的主張。

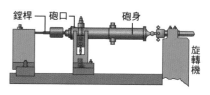

倫福德做的砲身磨削實驗裝置

在現代，熱已被解釋為分子的運動。以水為例，固體的冰因為分子結合得很緊密，所以振動幅度很小。但冰加熱後，分子的振動愈來愈劇烈，分子間的鏈結斷掉，就變成了液態的水。再繼續加熱之後，水就變成分子可以自由亂跑的氣體。

溫度則可理解為用來表達分子運動狀態的劇烈程度和動能大小之概念。冰塊在變成水的時候，有一段時間即使受熱溫度也不會上升。水變成水蒸氣時也一樣。因為熱只是用來使切斷分子間的鏈結，所以分子的動能並不會改變。等到變成分子間沒有連結的氣體後，溫度才會隨著加熱而上升。

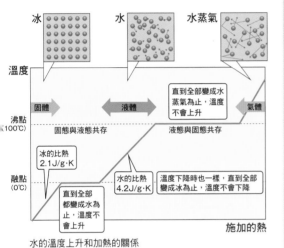

水的溫度上升和加熱的關係

使高溫物質接觸低溫物質，最後兩者會變成相同溫度，可以解釋成熱量從高溫物質移動到低溫物質，不過也可以用分子運動來解釋。換言之，分子在兩物體的接觸面上互相衝撞，交換了動能。

把熱想成分子的運動，熱和溫度的關係也就豁然開朗了。因為溫度不只是冷熱的標準，也能用來表達分子運動的劇烈程度。肉眼雖然無法看見分子運動的狀態，但溫度愈高代表分子的運動愈活潑，溫度愈低代表分子的運動愈平穩，而當分子完全靜止，溫度就到達下限，不會再變得更低。而這

個低溫極限則是－273℃。將查理定律中的線圖往負值方向延伸，就能算出這個數字。

熱力學第一定律

亥姆霍茲（1821 － 1894年）在1847年發表的論文中明確斷言「從無中生出永恆的動力是不可能的」，否定了永動機的存在。之後，這個想法與p.57的焦耳和邁爾的理論互相印證，確定了熱力學第一定律的存在。

熱力學第二定律

卡諾認為不存在熱效率100%的熱機之想法，被後人進一步發展，在1852年由克耳文男爵將之普遍化為「**熱力學第二定律**」。這個定律告訴世人，自然界的能量具有逸散或劣化的普遍傾向。因此「熱力學第二定律」也可理解為「所有與熱有關的現象都是**不可逆的變化**」。所謂的不可逆變化，就是說這種變化是單向性的，沒辦法反過來。

在水中擴散的墨水

例如移動中的物體，可藉由摩擦把動能轉換成熱量，最終停下。但靜止的物體卻無法吸收熱量動起來，這就是一種不可逆的變化。

移動的物體
會因摩擦而停止

但靜止的物體
無法藉吸收熱量動起來

新概念「熵」的出現

與混沌連結的概念

熱力學以氣體定律、「熱力學第一定律」、「熱力學第二定律」為支柱，在今日發展為一門在巨觀世界可研究壓力、體積、溫度等肉眼可見的現象，在微觀世界可探討肉眼看不見的分子運動，縱橫無盡的有趣學問。

因此，這裡我打算再介紹一個新概念，使這門學問更加有趣。為了支持克耳文男爵主張的熱力學第二定律（與熱有關的現象都屬於不可逆變化），克勞修斯（1822－1888年，德國物理學家）在1865年引進了一種名為熵的新概念。雖然熵在物理學上已能用數學式定義，可本身卻是一個與混沌緊密相關的概念。

熵或許可以理解成一種由有序變成無序，或者說是老化程度的指標。當熵變大時，代表能做功的能量變少。而自然界的熵只會不斷變大的定律，表明了宇宙中所有的變化皆為不可逆，只要沒有系統外的能量進入，整個系統只會變得愈來愈混亂。

我們可以用一間沒有人整理，東西被丟得亂七八糟的房間來想像熵增加原理。要逆轉熵的增加，使熵減少，唯一的辦法就是有人來打掃房間。

假如這個房間有主人的話，他的媽媽大概會大聲斥責他「我不是專門替你減少熵（「整理房間」就像是從系統外投入能量）的傭人！」吧。

霍金與熱力學

「輪椅上的天才」史蒂芬・霍金（1942－2018年）在他的遺作中寫道「我的研究揭示出，在重力與熱力學之間，存在一種深刻且出乎預料的關係。這個關係，解決了三十多年來，大家爭論不休卻無甚進展的悖論」。

霍金想出了可表達黑洞熵的數學式，並由這個數學式證明了黑洞並非「只會吞噬一切」，而會放出熱輻射。他在同著作中說道，「這個輻射，被人們取名為霍金輻射，我對這項發現感到無比驕傲」。

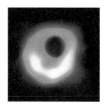

2019年4月10日公布的黑洞照片

年表❷ 對熱力學發展貢獻卓著的眾多科學家

1590年代　　伽利略・伽利萊（1564－1642年）製作空氣溫度計。

1620年　　法蘭西斯・培根（1561－1626年）揭示熱是一種運動。

1657－1667年　**塔斯卡尼大公斐迪南二世**（1610－1670年）在他成立的西芒托學院（實驗學院）內製

作了酒精溫度計，並留下最古老的溫度觀測紀錄。他選了兩種溫度，並將其分成100等分，標上刻度。

1660年	羅伯特‧波以耳（1627－1691年） 發現氣體的波以耳定律。認為物體受壓縮時會升溫，是因物體的粒子受到撞擊而激烈運動所導致。
1665年	羅伯特‧虎克（1635－1703年） 受科學家伽桑狄（1592－1655年）的原子論復活影響，提倡熱的分子運動說。
1700年	艾薩克‧牛頓（1642－1727年） 制定溫度基準。以雪融化的溫度為「0度」，以水的沸點為「33度」。
1712年	湯瑪斯‧紐科門（1663－1729年） 發明最早的實用化大氣壓抽水機和蒸汽機。
1720年	丹尼爾‧加布里爾‧華倫海特（1686－1736） 想出溫度計的華氏溫標。
1730年	勒內－安托萬‧費爾紹‧德‧列奧米爾（1683－1757年） 想出溫度計的列氏溫標。
1742年	**安德斯‧攝爾修斯**（1701－1744年） 提倡以水的沸點為0度，以冰點為100度。
1750年前後	攝氏溫標的刻度被反轉為沸點100%。製作者據傳是埃克斯特龍或生物學家林奈，真實不明。
1760－1762年	約瑟夫‧布拉克（1728－1799年） 想出熱容量的概念，以及熱質潛熱的概念。
1765年	**詹姆斯‧瓦特**（1736－1819年） 將蒸汽機商品化。
1768年	平賀源內（1728－1780年） 仿製荷蘭引進的溫度計，命名為寒熱升降器。
1788年	安東萬－羅倫‧德‧拉瓦節（1743－1794年） 確立近代元素的概念。他認為熱質也是一種元素。
1798年	倫福德（1753－1814年） 本名班傑明‧湯普森。提倡熱的運動說。
1799年	漢弗里‧戴維（1778－1829年） 主張熱不是物質。
1802年	約瑟夫‧路易‧給呂薩克（1778－1850年） 發現所有氣體和蒸氣，不論密度或質量，在同一溫度區間膨脹率皆相同。
1804年	理查‧特里維西克（1771－1833年） 製造最早的蒸汽機車「Catch Me Who Can（誰能追上我號）」。
1824年	**尼古拉‧萊昂納爾‧薩迪‧卡諾**（1796－1832年） 奠定熱力學中的卡諾循環的概念。
1840年	**詹姆斯‧普雷斯科特‧焦耳**（1818－1889年） 發現焦耳定律（電流的熱作用）。
1842年	尤利烏斯‧羅伯特‧馮‧邁爾（1814－1878年） 發現做功量與熱量相當。提倡能量守恆定律。
1843年	**焦耳** 確定熱功當量。
1847年	赫爾曼‧馮‧亥姆霍茲（1821－1894年） 於『力量的保存』中提倡能量守恆定律（熱力學第一定律）。認為「動力不可能無中生有」。
1848年	**威廉‧湯姆森‧克耳文男爵**（1824－1907年）確立絕對溫標（克耳文溫標）的概念。
1849年	中村善右衛門（1806－1880年） 製造、販賣養蠶用的溫度計。
1850年	魯道夫‧克勞修斯 提倡熱力學第二定律。引入熵的概念。
1852年	**克耳文男爵** 提出「力學能的逸散」。
（1853年	培理將軍抵達浦賀港。）

一切真相，

一旦被發現後都將變得簡明易懂。

關鍵在於發現。

—— 伽利略·伽利萊

去任何想去的地方，

一生讓身體自由，將使我們獲益良多。

—— 平賀源內
（1728 － 1780 ／在日本製作溫度計）

自然不會飛躍前進。

—— 卡爾·林奈
（1707 － 1778 年／瑞典生物學家。傳說是他將攝氏溫標的 0 和 100 改成現在的模樣。）

6 光之一（波的探究）

牛頓
（1642 – 1727年）

留下對光的重要發現

惠更斯
（1629 – 1695年）

開啟光的波動論

楊格
（1773 – 1829年）

認為光的波動論不可動搖

缺字聖火の採火

光和聲音都有如同波浪一樣移動的波動現象

光的各種現象，早在古希臘時代就受到關注，在那時人們便發現光的直進和反射定律。利用光反射原理以凹面鏡對著太陽生火的技術，早在西元前三百年左右的歐幾里得著作中便有描述。最有名的例子，就是奧林匹克聖火的取火儀式。歐幾里得（西元前330年左右－前260年左右／古希臘數學家、天文學家）發現了凹面鏡聚光的焦點，此發現時至今日仍被利用於碟型天線上，譬如碟型天線的收訊裝置就裝在焦點的位置，以最好地接收電波。同為希臘人的托勒密（西元2世紀）也發現了光從空氣照入水中時的折射定律。

在西元8世紀前後，阿拉伯人吸收了希臘和印度的哲學與科學，成為當時西方的知識領袖。阿拉伯的海什木（西元965年左右－1038年左右／伊斯蘭數學家、天文學家、物理學家、醫學家）也留下了一本名為『光學』的著作。他不僅發現了光學的各種原理，還想出了利用透鏡和鏡子進行折射與反射的實驗方法。此外，海什木也發明了與我們今日在理化實驗中使用的光學水槽幾乎相同的裝置，更指出托勒密的光學折射理論中的錯誤。海什木研究了在各種不同曲面鏡上反射的光，更推論太陽和月亮在鄰近地平線時看起來會比較大是一種錯覺，且發現了其中的原理。

然後隨著時代演進，因萬有引力而聞名的**牛頓**，發現白光其實是由七種色光匯集而成，在光學研究上留下莫大的功績。不僅如此，對於光究竟是什麼這個問題，牛頓提出了光的粒子論。與此相對，**惠更斯**則認為光是一種波動現象，而**楊格**則進一步鞏固了這個理論。但光到底是粒子還是波，這問題必須等到20世紀愛因斯坦的登場後才能得到解答。

牛頓

艾薩克・牛頓（1642 - 1727年）／英國

在力學系統化、發現萬有引力定律、微積分法、以及光學領域都有偉大功績的知名物理學者，但同時也有神學著述比物理學著述更多的一面。另外，牛頓也留下了許多煉金術的紀錄。身為科學界的代表卻參與政治，在當上造幣局局長後努力打擊偽幣，並想出紙幣的方案，將他的智力徹底活用在自己的工作中。

留下對光的重要發現

白光是七種色光的集合

牛頓最有名的事蹟是從蘋果的掉落發現「萬有引力定律」，但他對光其實也有很深入的研究。而這些研究全都整理在1704年出版的『光學』一書中。儘管牛頓在此前就已經發表了許多光的研究成果，卻等到與他在各方面對立的羅伯特・虎克死後才出版『光學』。牛頓在本書的序言寫道「我的目的，是不透過假說，而是透過推論和實驗證明和展示光的性質」。

牛頓在光學方面之研究最大的成果，是用實驗證實了太陽等白光其實是七種色光的集合。牛頓在黑暗的房間讓光穿過一個小孔，然後射入一種叫<u>稜鏡</u>的三角形玻璃，再投射到牆壁上，觀察到光線被分成了好幾種顏色。

光的真面目是粒子？還是波動？

牛頓主張光的真面目是一種粒子。因為他認為，如果光是一種如同子彈般的粒子，就可以解釋光的反射和折射現象。這個理論叫做「光的微粒論」。

然而，以虎克為首的其他科學家，卻認為光是一種類似波的現象。這派理論則稱為「光的波動論」。

傳說牛頓其實也曾懷疑波動論才是正確的，迷惘了好一陣子。不過他在實驗中發現，把一塊凸透鏡放在平坦的玻璃上用光照射，會出現環狀的紋路。關於這個現象，牛頓做了非常仔細的實驗，並承認難以用微粒理論解釋（**牛頓環**）。

但牛頓無法接受波動論的另一個關鍵原因，是波動論無法清楚說明**光的直進性**。何況牛頓的宿敵虎克支持的是波動論，這使他更不能輕易撤回微粒論。

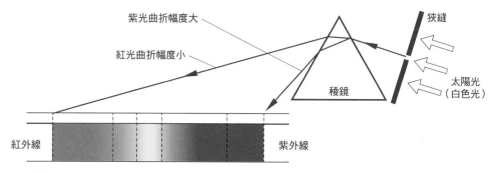

白光的分光

然而諷刺的是，最後使牛頓不得不承認波動論的現象，最後卻被命名為牛頓環。

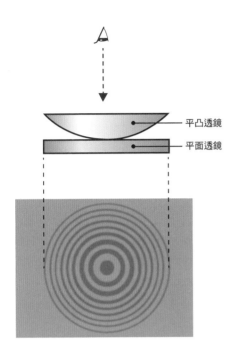

牛頓環。從上面看的話，會看到被凸透鏡的下面和平面透鏡的上面反射的兩道光互相干涉，兩者相乘的部分較亮，相消的部分較暗。

平凸透鏡
平面透鏡

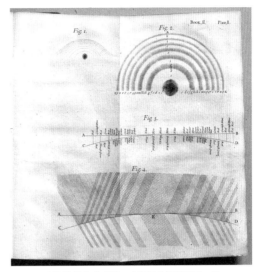

牛頓的著作『光學』中關於牛頓環的圖。照片攝自金澤工業大學圖書中心藏書。

(((外溢效應)))

在牛頓提出微粒論的一百年後，歌德撰寫了『色彩論』一書直接反駁牛頓，認為「顏色不能脫離人類的感覺」來討論。

牛頓提倡的光的微粒論在此之後逐漸式微，但20世紀時，愛因斯坦又使它起死回生，並催生出了量子力學。

花絮

獻給牛頓的詩

牛頓的活躍似乎也擄獲了詩人的心。在當時一首獻給牛頓的詩中，就出現了七種色光。

──原色啊！開啟焰紅
活潑地跳；接下褐菊；
再迎可口黃；之旁呢？
落下綠的全鮮，柔柔光束。
然後純藍，湧了秋樣天
縹緲地揮灑；試試一些悲調
浮靛藍，游深邃，正值
黃昏濃得化不開，與霜低垂；
當折射光的閃爍尾巴
駐足微微的紫羅蘭，漸漸消失。

（1727年 詹姆斯・湯普森 著／
譯文摘自『愛・邂逅：不可不知的
17位西方經典藝文大師』方秀雲 著）

惠更斯

克里斯蒂安・惠更斯（1629 － 1695 年）／荷蘭

數學家、物理學家、天文學家，對天文學貢獻卓著，以自製的望遠鏡發現土衛六「泰坦」、確認土星環的星狀、留下獵戶座大星雲最古老的素描。製作了鐘擺時鐘和有游絲的機械鐘，解決了等時降線問題，並發明了世界最早使用火藥的活塞式內燃機。

開啟光的波動論

光不是像子彈一樣的顆粒

　　惠更斯在1678年公開挑戰牛頓的微粒論，並將自己的理論整理出版為『光論』一書，於1690年出版。惠更斯發現，從不同地點發出的光線，即使以相反方向對撞，也不會妨礙彼此的行進，因此他認為光並非像牛頓說的那樣，是一種子彈般的粒子。由於光的性質跟聲音和水面上的波紋更類似，所以惠更斯認為光是在**介質**中以振動方式傳遞的，提出光的波動論。

惠更斯原理

　　惠更斯不是用實驗，而是以理論性的思考建構了這個理論。因此，惠更斯原理並非在實驗中發現的「定律」，而是「原理」。

　　惠更斯認為，從**光源**射出的光會在傳遞的介質中以球形擴散，而在形成的球面上的點會成為新的光源，接著不斷擴散下去。我們日常生活中見到的光學現象，諸如**反射**、**折射**等等，都可以用惠更斯的這套理論來解釋，在現代也以「惠更斯原理」的名稱於學校教授。

笛卡兒預言了惠更斯的成功

　　笛卡兒（p.14）曾仔細分析過惠更斯最早期的**數學**定理，並預言他將來必有巨大成就。同時，惠更斯被法國國王路易十四說服，於1666年到1681年一直住在法國。而且他也跟牛頓和萊布尼茲等同時代的偉人一樣，一生沒有結婚。

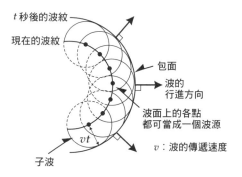

惠更斯原理

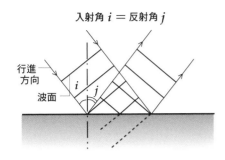

入射角 i ＝ 反射角 j

行進方向
波面

波的反射　反射定律

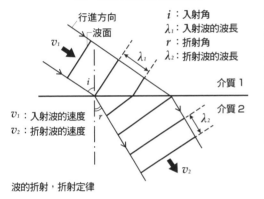

$$\frac{sin\ i}{sin\ r} = n_{12} = \frac{v_1}{v_2} = \frac{\lambda_1}{\lambda_2}$$

n_{12}：介質 1 對介質 2 的折射率

行進方向
波面

i：入射角
λ_1：入射波的波長
r：折射角
λ_2：折射波的波長

介質 1
介質 2

v_1：入射波的速度
v_2：折射波的速度

波的折射，折射定律

（（（ 外溢效應 ）））

惠更斯的波動論頑強地留下，終於在一百年後因楊格的干涉實驗而重見天日。

惠更斯在自己的著作『光論』中曾有如下描述：「這本書的出發點，是等待能比我更深入解開這個謎題的人出現。因為這個研究主題仍未被完全挖掘」。即便稍微花了點時間，但惠更斯的思想，終於成功被下一個時代的科學家繼承。

惠更斯用自製望遠鏡畫下的土星素描。2005 年 1月 14 日，由於惠更斯是土衛六的發現者，被命名為惠更斯號的探測機，成功在土衛六登陸，將影像和觀測資料傳回地球。

光是粒子？還是波？

雖然牛頓自己也對光是粒子還是波動舉棋不定，不過由於牛頓在當時是被譽為「上帝派來的人」，是科學界的領袖，因此微粒論當時受到壓倒性的支持，波動論則被打壓了將近一百年的時間。我想這件事，恐怕連牛頓自己也沒預料到。然而，儘管惠更斯非常熟悉**偏振光**和**繞射**等現象，卻也未能正確解釋這些現象。在惠更斯的想法中，光波並不是一種連續的波，而是單獨的波，所以並非真正意義上的波動論。包含**頻率**、**波長**、**週期**等概念，在惠更斯的理論中全都不存在。

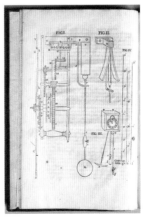

惠更斯設計的擺鐘。照片攝自金澤工業大學圖書中心的藏書。

楊格

湯瑪士・楊格（1773 － 1829年）／英國

　　物理學家。在倫敦學習醫學，並自己開業。後來成為皇家研究所的自然學教授，起初從事散光和色彩知覺等視覺研究，後開始研究光學。另外，楊格也是彈性力學中的基本常數楊格模數之命名由來。此外他也是最先使用能量（energy）一詞的人，並將此概念引進科學界。

認為光的波動論不可動搖

楊格的干涉實驗

　　時間來到19世紀，波動論在楊格的手中死而復生。楊格發現，同一個光源射出的光穿過兩個不同的狹縫，會在布幕上打出條狀紋路。而這種紋路就跟水面上兩道水波重疊時形成的紋路一模一樣。因為穿過狹縫的光會往四周擴散，而到達布幕的距離差，使得光波的波峰和波峰、波谷和波谷重疊的地方波強較強，顯得比較明亮。而波峰和波谷重疊處，則會因為波動互相抵消而變暗。這種從狹縫中射出的波擴散後，因為繞射而使有些地方的波較強、有些地方的波較弱的現象，就叫做**干涉**。而布幕上的條狀紋路可以完美地套用波動理論，卻很明顯無法用微粒理論解釋。

　　楊格實驗的優點，是把同一個光源的光分成兩條。因為要實驗干涉，兩束光的相位是否一致非常重要。相位就是形成波峰和波谷時機。假如使用兩個不同的光源，就很容易因**相位**不同而無法看到干涉現象。但同一光源的光分成兩束，相位仍然一樣，所以可以形成干涉。

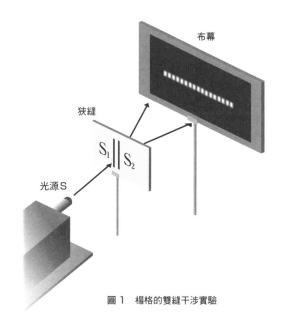

圖 1　楊格的雙縫干涉實驗

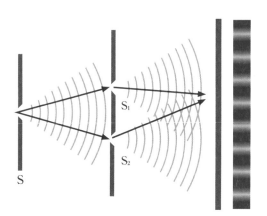

圖 2　楊格的干涉實驗說明圖

　　楊格進行的「干涉」實驗。從光源發出的光平行穿過兩道狹縫後，兩道光波因繞射而重疊後，會形成互相加強的部分和抵消變弱的部分。

波動說的勝利

楊格在1801 － 1803年間發表此項研究成果時，儘管牛頓本人早已打過預防針表示波動說也能說得通，卻還是受到牛頓信徒的猛烈抨擊。不過，在1818年法國的菲涅耳用數學推導出波動論後，波動論便逐漸被科學界接受；到了19世紀後半，幾乎已確定是波動論的勝利。

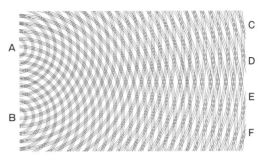

楊格原圖的復原圖。用一隻眼睛從右邊斜視，可以清楚看到干涉的狀況。

繞射的幅度會因狹縫而改變

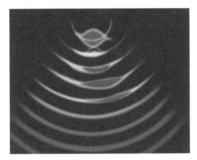

波長：狹縫寬度＝1：1的情況

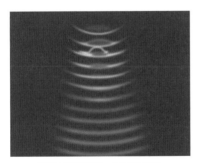

波長：狹縫寬度＝1：4的情況

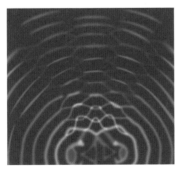

從兩個波源發出的波之「干涉」

花絮

受惠於語言天賦的楊格

楊格在十三歲時就已經學會拉丁語、希臘語、法語、義大利語等四種語言。而且，他更在十四歲時以自學的方式學習希伯來語、迦勒底語、敘利亞語、阿拉伯語、波斯語、土耳其語、衣索比亞語等各種中東地區的古代、近代語言。

由於這個經歷，因此他後來也在解讀羅塞塔石碑上的埃及象形文字及埃及文明研究方面，留下重要的功績。

(((外溢效應)))

馬克士威從電與磁的關係，用數學式想出了電磁波（即俗稱的電波）產生的理論，並由此式推算出電磁波傳遞的速度。而由於這個速度與光速相等，人們才知道原來光也是電磁波家族的一員，更加穩固了光的波動說。然而，對於光的真面目之探究，卻在20世紀愛因斯坦（p.138）出現後，有了驚人的轉折。

不可思議的光學現象
從生活思考科學！

　　由於光和聲音會做出跟大海或池塘的波浪類似的表現，因此被稱為波動現象。波動現象又可簡稱為「波」。波是一種一點的振動傳遞至周圍的現象。波谷和波峰之間的距離叫做波長。波振動一次花費的時間叫週期，一秒內振動的次數叫頻率，振動的大小則叫振幅。

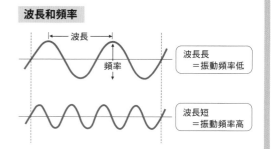

波長和頻率

波長長
＝振動頻率低

波長短
＝振動頻率高

波形和基本術語

　　最早開始的振動那個點叫做波源。光波的話就叫光源，音波的話則稱音源。而負責傳遞振動的東西叫做介質。例如水波的介質是水，音波的介質主要是氣態的空氣，但也可以在固體和液體中傳遞。

　　那麼光的介質是什麼呢？這在物理界曾是一個非常大的難題。而在這個問題得到解決後，物理學界迎來了一個全新的局面。不過，這個話題我們留到第13章「光之二（波粒二象性）」再來討論，這裡先介紹一下日常生活中有趣的光學現象吧。

「看到」是怎麼一回事……？

　　光從光源射出到達我們的眼睛，就叫做「看到」。然而，我們平常卻能看到很多本身不會發光的東西。關於視覺的原理，遠古時代的人們，曾想出很多今天的人看了會捧腹大笑的理論（圖1）。對於「看到」這回事，歷史上第一個提出科學性解釋的人是海什木（圖2）。

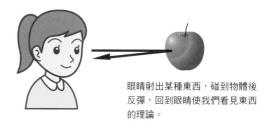

眼睛射出某種東西，碰到物體後反彈，回到眼睛使我們看見東西的理論。

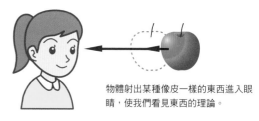

物體射出某種像皮一樣的東西進入眼睛，使我們看見東西的理論。

圖1　古代人的想法

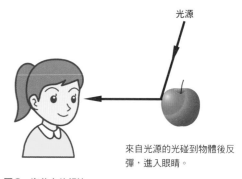

光源

來自光源的光碰到物體後反彈，進入眼睛。

圖2　海什木的想法

光的反射和折射

光的**反射**和**折射**，為我們的生活帶來了許多樂趣。

反射現象可以從鏡子或打磨光滑的金屬表面、清澈靜止的水面等觀察到。而折射則發生在光線穿過水或玻璃等透明物質的時候。

硬幣　　　　　　　水

光的折射
碗裡倒入水後，就能看到原本看不見的硬幣。

光的折射現象之一：彩虹

彩虹是光學現象中最不可思議的一種。在下雨過後，空氣中仍殘留著雨滴時，如果背對著太陽，太陽光會先撞到前方空氣中的水滴，再折射進入我們的眼睛。由於每種色光的折射角度都不一樣，所以我們才會看到七種顏色。不過，光的顏色並不存在明確的區分，我們今天所說的七色，只是牛頓營造出的神祕性。因此彩虹的顏色定義在不同國家和民族中皆不相同，從兩色到八色都有。譬如日本，在沖繩地方的文化中，彩虹自古以來都是兩種顏色，但其他地方卻有五種顏色。

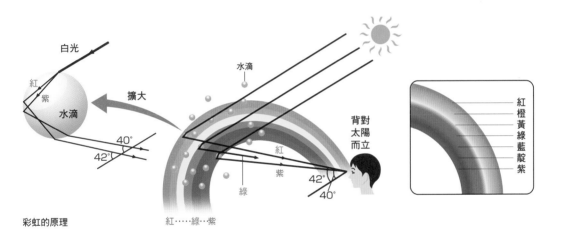

彩虹的原理

藍色的天空和紅色的晚霞

太陽光中的藍光波長較小，撞到大氣中的空氣分子或懸浮微粒時，很容易就偏折轉彎。因此藍光最容易在天空中四射，進入我們的眼睛，所以天空看起來是藍色的。但到了傍晚，太陽逐漸下山，必須穿過更厚的大氣才能到達我們的眼睛。在光線行進的過程中，短波長的色光容易**漫射**，只有長波長的紅光能穿透空氣分子或懸浮微粒到達我們的眼睛，所以夕陽看起來才這麼紅。

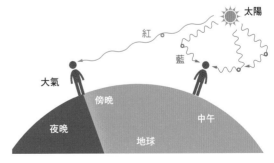

光的漫射和天空的顏色

什麼是反射所有光的全反射？

光纖與北極熊的毛

光在前進的時候，會在空氣與水、空氣與玻璃的交界面同時發生反射或折射。然而，當光從水或玻璃中進入空氣時，卻會全被反射掉。這種現象會在光的折射角超過90度時發生，名為**全反射**。

光纖就是利用這種現象運作的。

另一方面，北極熊的身體也同樣利用了光的全反射。

北極熊的毛就像吸管一樣是中空的結構。北極熊的毛可利用全反射，讓北極微弱的太陽光確實抵達自己的皮膚。北極熊的皮膚為了盡可能吸收陽光的溫暖，其實是黑色的。不過，有時在動物園裡看到的北極熊毛色會偏綠，這是因為藻類在北極熊毛的中空結構中繁殖所導致。

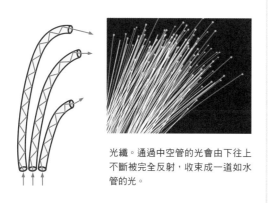

光纖。通過中空管的光會由下往上不斷被完全反射，收束成一道如水管的光。

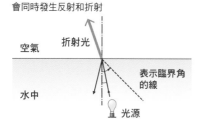

①入射角小於臨界角時，會同時發生反射和折射

空氣
折射光
水中
表示臨界角的線
光源

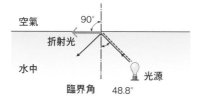

②入射角等於臨界角時，折射角會變成90度

空氣
90°
折射光
水中
光源
臨界角　48.8°

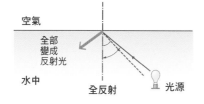

③入射角大於臨界角時會發生全反射

空氣
全部變成反射光
水中
全反射
光源

吸管狀的孔

北極熊的毛

黑　皮膚

7 聲音

傅立葉
（1768－1830年）

解開波動之謎，想出「傅立葉展開」

都卜勒
（1803－1853年）

以科學方式解釋人聽到的聲音變化

馬赫
（1838－1916年）

以實驗證明物體突破音速時會產生「震波」

音波
空氣振動
的傳遞

▌聲音的研究不止於此

　　物理這門學問，研究的是物體的運動等客觀可觀察的事物。然而，聲音只有在抵達我們的耳朵，被我們認知為「聲音」之後，才能稱作「聲音」。換句話說，只有被聽到的才是「聲音」。因此，對我們而言，能被聽到的聲音就是一切，而聽不到的聲音就只是單純的振動。音源，例如大鼓的鼓皮振動時，會壓縮和擴散周圍的空氣，把振動傳遞出去。當空氣的振動到達我們的鼓膜，使鼓膜跟著振動，我們就能「聽到」聲音。

　　第一個具體測出聲音在空氣中的前進速度（音速）之人，是法國數學家馬蘭・梅森。1640年前後，梅森測量特定距離間聲音從音源發出後，需要多久才會產生回音，算出空氣中的音速為每秒316公尺。這是歷史上最早測量空氣中音速的紀錄。

　　1660年前後，義大利的博雷利和維維亞尼根據觀測者聽到大砲發射音的時間，想出更加精準的音速測量法。然後在1708年英國的威廉・德勒姆改進了這個方法，把風的影響也計算進來。經過他的多次測量，並將結果平均後，測出在氣溫20度環境下，音速約為每秒343公尺，與今日的理論值（每秒343.5公尺）非常接近。

　　聲音理論的研究有一大特色，就是它們的成果都在其他領域發揮了極大作用。譬如傅立葉認為無論多麼複雜的聲音振動，都能簡化為簡單振動的組合，奠基了名為傅立葉分析的重要數學方法。都卜勒分析了音源在移動時音頻變化的現象，而這個現象後來被應用在各式各樣的雷達中。馬赫則發現了物體突破音速時會產生震波。這個理論推動了超音速飛機的開發。

傅立葉

讓・巴普蒂斯・約瑟夫・傅立葉（1768 － 1830 年）／法國

法國某裁縫師的第九個兒子，十歲便父母雙亡，但有幸在教會接受高等教育。法國革命後考進巴黎的高等師範學校，畢業後成為巴黎綜合理工學院的教授。後來加入埃及的考古學調查，被拿破崙任命為下埃及的總督。在擔任總督期間，仍繼續研究數學和物理。

解開波動之謎，想出「傅立葉展開」

什麼是知名的「傅立葉展開」？

傅立葉在研究熱傳導方面，曾發表過一本名為『熱的解析理論』的著作。在這本書中，傅立葉在解熱傳導方程式時，發現即使是畫成圖後看起來非常複雜的函數，也只用幾個週期函數（經過一個特定週期後數值皆能重複的函數）就能成功分解，由此舉一反三，想出或許只要組合幾個週期函數，無論多麼複雜的函數都能表達出來。這個想法就叫做「傅立葉展開」。

將「傅立葉展開」套用在波動現象的聲音上，即使是小提琴或人聲等複雜的音頻，也能相對簡單地分解成有規律的波。同時，在波動現象中，存在當兩個波相撞重疊時，重疊部分的波長，會剛好等於兩波的波長簡單相加的情況，這就是「波的疊加原理」。或者兩個波也有可能在重疊後完全不妨礙或影響彼此的行進，這叫做「波的獨立傳播性」。

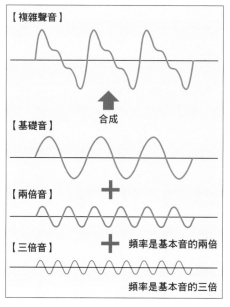

波的重疊

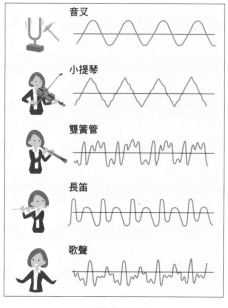

各種聲音的波形

傅立葉展開使合成聲音成為可能

由於這些發現，「傅立葉展開」尤其在音學領域中，對電子樂器這種劃時代樂器的開發有著極大貢獻。

製作電子樂器需要先採樣傳統樂器或動物的鳴叫聲，對它們的波形進行「傅立葉展開」。接著，再以相反的步驟合成展開後的波形，還原成原本的聲音。這就是電子樂器的原理。

(((外溢效應)))

傅立葉展開和由此發展而來的傅立葉轉換，是電磁學中解馬克士威方程組（p.108）和量子力學中解薛丁格方程式（p.152）最有效的手段。傅立葉展開和傅立葉轉換又合稱為**傅立葉分析**。傅立葉分析對現代科學的發展有非常巨大的貢獻。

發表「溫室效應」的傅立葉

太陽照射到地球的總能量，早在1830年代就已被計算出。但科學家發現，若把這個能量換算成溫度，地球的平均氣溫理論上應該只有－18℃左右，遠比現實中的平均氣溫要低得多。這對物理學家來說，是個非常有意思的難題。

而第一個解開這個謎題的人正是傅立葉。他利用熱傳導公式和傅立葉分析，在1824年發表了大氣層跟溫室玻璃一樣有著同樣效果的理論，這也就是「溫室效應」。

不過當時人們對「溫室氣體」的概念還一無所知。直到1860年前後，廷得耳發現二氧化碳會吸收紅外線。不過廷得耳更有名的是發現「廷得耳效應」。然後在1896年，阿瑞尼斯觀測大氣層的紅外線，指出了二氧化碳與溫室效應的關聯性。因此阿瑞尼斯也是溫室氣體這個概念的創造者。

1980年代末期，氣候變化開始引起社會的廣泛關注後，傅立葉等人的發現也不再只是理論科學，而是為環保問題的研究提供了重要依據。

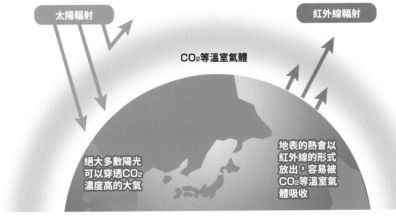

太陽輻射　　紅外線輻射

CO₂等溫室氣體

絕大多數陽光可以穿透CO₂濃度高的大氣

地表的熱會以紅外線的形式放出，容易被CO₂等溫室氣體吸收

溫室氣體的作用

都卜勒

克里斯蒂安・安德烈亞斯・都卜勒（1803 － 1853年）／奧地利

生於薩爾茨堡。於當時的皇家工學研究所（現在的維也納工學院）學習物理學和數學，並於布拉格理工學院（現布拉格捷克理工大學）任教。1842年發表了恆星的顏色，會隨著與地球距離的遠近而跟著改變的發現。此現象後來被命名為「都卜勒效應」，此效應於隔年的1843年也在音波上被檢證到。以遺傳定律而聞名的孟德爾是他的學生。

以科學方式解釋人聽到的聲音變化

▋ 為什麼救護車的鳴笛聲會改變？

救護車鳴著笛從我們身旁呼嘯而過，警笛的聲音在遠去後感覺會有點走音。這並非錯覺，而是進入我們耳朵的警笛的音高確實發生了改變。

像救護車這樣的移動音源靠近觀測者時，抵達觀測者的音波會變短，使振動頻率變高。因此，觀測者聽到的聲音會比原始聲音更高。

相反地，當音源遠離觀測者時，聲音抵達觀測者時的波長會變長，使振動頻率降低，聽起來就會變得低沉。這就叫都卜勒效應。

這種波源移動導致頻率改變的都卜勒效應，在光和聲音上都能觀測到。都卜勒當初在觀測恆星時，就看到了恆星的光色因頻率變化而改變。

不過，觀測者聽到的聲音變化除了都卜勒效應的音頻變化外，還跟實際聲音的音量大小有關。當音源靠近時音量會大，遠離時音量會小。

都卜勒效應在音源固定不動、觀測者移動，以及觀測者和音源都在移動的情況下都能觀察到。

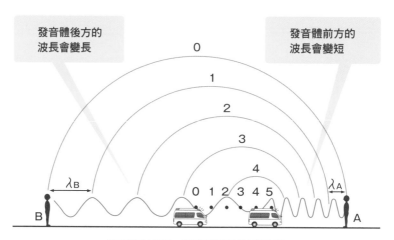

發音體後方的波長會變長　　發音體前方的波長會變短

觀測者靜止不動，音源移動時的都卜勒效應

使遠方恆星看起來偏紅的「紅移」

　　光也存在著都卜勒效應。因為光的顏色是由頻率決定的，所以我們可以從顏色的變化來推理恆星移動的情況。正在遠離地球的恆星發出的光，會因為都卜勒效應而降低頻率，導致偏紅色。這種現象叫做**紅移**。譬如哈伯就在觀測天體時，發現離地球愈遠的星星紅移程度愈大，由此發現了**哈伯定律**。而這個發現為宇宙的起源——大霹靂理論打開了大門。

「紅移」

遠離的光源

「藍移」

靠近的光源

正在遠離的銀恆系群星

用樂器演奏證明的都卜勒效應

　　都卜勒效應當時是用一個令人不禁嘖嘖稱奇的方法證明的。有個人找了一位音樂家，在火車上不間斷地用樂器演奏同一個音，然後找了另一位能精準聽出音高的音樂家站在車外聆聽。在比較了各種不同行駛速度下，列車靠近和遠離時音樂家聽到的音高後，完美證明了都卜勒效應。

(((外溢效應)))

　　都卜勒效應的應用之一是**都卜勒雷達**。這是一種藉由向觀測對象發送電波，然後比較送出之原始電波的頻率（又稱週波數）和反彈回來的電波頻率的差值，再利用都卜勒效應算出觀測對象的移動速度，以及對方是在遠離抑或是在靠近的技術。

　　都卜勒雷達可以用來觀測天空中雲層內部的水之移動速度。如此一來，便可得知風向和雨雲的移動情形，因此被大量運用在氣象觀測上。這個方法同樣也能用來觀測龍捲風。

　　另外用來測量職業棒球選手投球球速的測速槍，也是一種都卜勒雷達。

頻率：f　　球速：v

頻率：f'

電波（速度：c）

$$v = \frac{f' - f}{f' + f} c$$

　　測速槍開啟時，會朝飛過來的球發射電波。而送出的電波頻率和被棒球反彈回來的電波頻率，會因都卜勒效應而改變。比較這兩個值即可計算球的速度。

77

馬赫

恩斯特・馬赫（1838 － 1916年）／奧地利

生於現今捷克共和國的摩拉維亞地方。因為父親就是老師，所以十四歲前都待在家裡，跟隨父親學習語言學、歷史、數學。十五歲才接受正式的學校教育，並於1855年進入維也納大學就讀。畢業後長年在格拉茨大學、布拉格大學擔任教授。

以實驗證明物體突破音速時會產生「震波」

成功拍下震波

馬赫在研究空氣和水之類的流體時，發現物體在空氣中突破音速後，會產生一種名為震波的波，並用攝影機拍了下來。

一如在介紹都卜勒效應時說過的（p.76），假如有一個點形的波源，當波源靜止時，波會像圖1一樣呈圓形擴散；而當波源開始移動後，位於前方的波波長會變短，而後方的波波長會變長。但假如像圖3那樣，波源的速度移動得比波本身的速度還要快的話，前一個波的波峰和後一個波的波谷便會重疊在一起，互相抵消。然而，唯有所有波面的共同切線是例外。在這條線上，所有波的強度會彼此相加。結果就會像圖4或下面照片船隻的航跡那樣，在移動的波源後曳出一條楔形的尾巴。而這條波強相加的線，就是震波的真面目。

馬赫發現了震波波面的角度（馬赫角）、物體速度、以及音速之間的關係。而超越音速，就意味著發出聲音的物體，在聲音傳過空氣前就追過了聲音，所以會受到極強的空氣阻力，產生震波。這個震波有著相當強的破壞力，超音速飛機在飛過天空時發出的震波，有時傳到地面後，甚至會震碎民宅的窗戶。

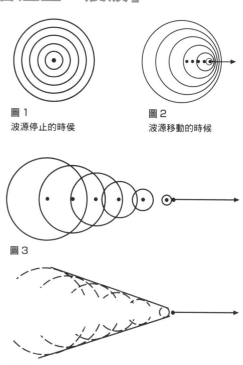

圖1
波源停止的時候

圖2
波源移動的時候

圖3

圖4
波源的移動速度比波的傳遞速度還快時

船的航跡

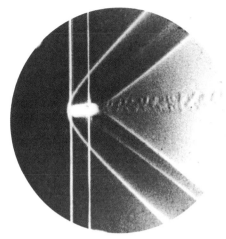

1887年，由馬赫拍下的震波照片

音速的單位「馬赫」

因為馬赫的貢獻，他的名字被用來當成表示「1」音速的速度單位。儘管聲音在空氣中行進的速度會隨氣溫改變，但總體來說，1馬赫約等於340〔m/s〕，2馬赫等於680〔m/s〕。1馬赫就相當於時速1224公里。

由英法兩國共同開發的協和式超音速客機，在1969年3月首次試飛成功，並一度被寄予厚望，但最後卻因噪音和預算問題，而在2003年停止營運。

被人稱為「馬赫主義」的馬赫哲學

對於觀察這件事，馬赫認為被觀察的「對象」並非絕對而不可質疑的存在，而只不過是觀察者的感官經驗。不僅如此，他更認為如果一個東西不能被觀察，那就不能說是真實存在的，並因此不承認原子和分子的存在。波茲曼（1844－1906年）曾用原子和分子來解釋熱和溫度，但馬赫否定他的看法，並認為應該用能量來解釋。

除此之外，馬赫也不認同愛因斯坦的相對論。儘管在現代，原子論和相對論都已是不可動搖的理論，但馬赫的批判精神，卻仍對科學思想有著重大意義。

馬赫「反對力學的形上學式模糊」之態度，又被稱為「馬赫主義」。在運動理論方面，相對於牛頓認為物體的運動存在一個絕對的標準，馬赫卻認為物體的運動僅為相對。晚年馬赫因其深入的思索，在維也納大學擔任哲學教授。

聲音的性質
從生活思考科學！

　　我們的生活中，充斥著各種不同的聲音。有的聲音大，有的聲音小，有的可以告知危險，有的是動物的鳴叫……而如果用科學的方式來解釋這些聲音，可以整理出三個構成要素。

聲音的三要素：音高、音強、音色

　　我們在區別某個聲音跟其他聲音不同時，究竟是根據什麼來分辨的呢？這與「音高」、「音強」、「音色」這三個要素有關。

靠空氣的震動傳遞

音波

① 音高

　　音高是由音源一秒鐘內振動的次數決定的。音源每秒振動的次數稱為**頻率**。單位是〔Hz〕（赫茲）。

　　樂器演奏時的A（La）音，頻率是440〔Hz〕。人的耳朵能聽見的頻率，大約介於20〔Hz〕到2萬〔Hz〕之間。頻率大到人耳聽不見的聲音稱為**超音波**。蝙蝠飛行時，就是利用超音波識別環境。蝙蝠會發出超音波，再利用音波的反射感知物體，藉此在黑暗無光的洞窟中飛行。

② 音強

　　聲音的強度，是由振動的幅度大小和頻率決定的。振幅愈大、頻率愈高的聲音，聽起來就愈強。聲音的強度可以理解為聲音所帶的能量。

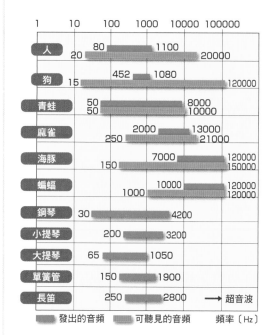

各種聲音的音高

③ 音色

　　用機器分析聲音，可以發現每種聲音都有固定的波形。而音色就是由這些波形決定的。透過波形，我們可以分辨樂器的聲音、動物的鳴叫聲、以及人類說話的聲音。

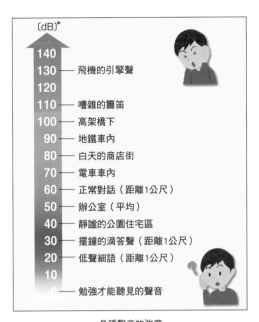

各種聲音的強度
*〔dB〕讀作分貝，表示音強的單位

〔dB〕*	
140	
130	飛機的引擎聲
120	
110	嘈雜的警笛
100	高架橋下
90	地鐵車內
80	白天的商店街
70	電車車內
60	正常對話（距離1公尺）
50	辦公室（平均）
40	靜謐的公園住宅區
30	擺鐘的滴答聲（距離1公尺）
20	低聲細語（距離1公尺）
10	
0	勉強才能聽見的聲音

聲音會反射

聲音是一種波，所以就跟光一樣會反射。聲音反射時，反彈回來的音波會跟音源發出的音波共鳴，形成奇妙的音色。例如日光東照宮有名的「鳴龍」就是如此。

在日光東照宮的藥師堂（本地堂）的鏡天井上，畫有一幅出自狩野永真安信之筆的龍繪。在龍頭正下方的敲打拍子木，就會聽到有如龍鳴般的奇

日光東照宮的鳴龍。照片由朝日新聞社提供。

妙回聲——這個現象在當地俗稱為「鳴龍」。後來有人研究發現，這聲音是拍子木的敲擊聲，在彎曲的天花板和地板間每秒反射數十次產生的回音。這種「鳴龍」不只在東照宮，在其他建築中也能聽到。

聲音會折射

還有，當音波的行進速度改變時，就會發生折射現象。聲音的速度會因氣溫而變，所以在中午地表溫暖而上空寒冷時，跟晚上地表冷卻而上空溫暖時，音波折射的角度會不一樣，傳遞的方式也有所差異。在寒冷的冬夜，有時會感覺遠方有聲音傳來，這並不是你的錯覺，而是與聲音的折射現象有關。

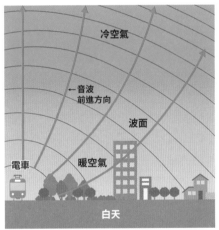

冷空氣

←音波前進方向

波面

電車　暖空氣

白天

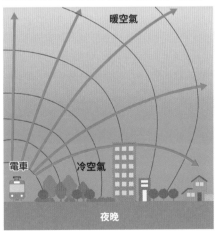

暖空氣

電車　冷空氣

夜晚

白天和夜晚聲音傳遞方式的差異

畢達哥拉斯與音階

因聽到槌子的聲音而發現音階的畢達哥拉斯

　　眾所皆知的希臘數學家畢達哥拉斯（前582左右－前497年），傳說是在鐵匠鋪聽到打鐵的聲音時發現音階的。他發現有幾道打鐵的聲音跟其他不一樣，並注意到重量比2：1的兩支鐵鎚發出的聲響，比其他鐵鎚要高了一個八度。根據觀察到的現象，畢達哥拉斯發現頻率比為1：2時等於八度音程，2：3時等於完全五度，3：4時等於完全四度。這三種音程稱為協和音程。

　　在希臘時代，人們本來只能依靠經驗為弦樂器的弦調音，但多虧這項發現，人們得以透過調整弦長來改變振動頻率，進行調音。畢達哥拉斯根據這項發現，指出琴弦在音階上發出的每個音，都可以用琴弦整體長度的比來表示。

　　畢達哥拉斯說，若某條琴弦能發出C的音，那麼長度是這條琴弦15分之16的琴弦，將會發出更低一點的B音，15分之18長的琴弦則發A音，15分之20長的琴弦發出G音，依序逐漸降低。音階與頻率的關係稱為音律，而畢達哥拉斯發現的這個音律，也叫做畢氏音律。

　　以上都是坊間流傳的傳說，實際上因為畢達哥拉斯本人沒有留下任何著作，所以科學史家對於這個故事的真實性看法兩極。今天我們已經很少使用畢氏音律，改用一個八度間每個相鄰音的頻率比相等，以等比級數將八度分成十二等分的十二平均律音階為標準。

真空中可以聽到聲音嗎？

　　我們平常都生活在大氣中，所以聽到的聲音基本上都是經由空氣傳遞，但實際上，音波也可以在固體和液體中傳播。在以前沒那麼擁擠的時代，人們有時會將耳朵貼在鐵軌上，聆聽火車行駛的聲音，在火車還遠遠在視線外的時候，預先知道火車即將到站。還有，從潛水時依然能聽見聲音，也能得知聲波可在水中傳遞。

　　那麼，在真空中能否聽到聲音呢？歷史上首先證明了真空中聽不見聲音的人是羅伯特‧波以耳（1627－1691年）。在1660年前後，波以耳做了實驗，用細線綁了一個鬧鐘吊在空玻璃瓶內，並抽乾裡面的空氣，並記錄了以下結果。

　　「我屏住了呼吸，等待鬧鐘響起的那一刻……然後，對於完全聽不見鬧鐘響的結果十分滿意。接著，我一點一點往瓶子注入空氣，側耳傾聽，才逐漸聽見鬧鐘的聲響。」

波以耳製作的空氣泵

與波的研究有關之眾多科學家

約 B.C.500 年	畢達哥拉斯（前 582 左右－前 497 年） 發現畢氏音階。
約 B.C.300 年	歐幾里得（前 330 年左右） 在著作中記錄了光的反射。
約 100 年	托勒密（活躍於 140 年左右） 認為光射入水中的入射角和折射角成正比。
約 1000 年	海什木（965 左右－1040 年左右） 做了各種光的研究。
1609 年	伽利略（1564－1642 年） 製作折射望遠鏡。
1621 年	威理博・司乃耳（1591－1626 年） 發現光的折射定律。
約 1640 年	梅森（1588－1648 年） 測量音速。
1660 年	格里馬爾迪（1618－1663） 發現光的繞射現象。
約 1660 年	波以耳（1627－1691 年）用實驗確認真空的玻璃瓶中聲音無法傳遞。
約 1660 年	義大利的博雷利（1608－1679 年）、維維亞尼（1622－1703 年）從大砲的聲音想出測量音速的方法。
1666 年	**艾薩克・牛頓**（1642－1727 年） 研究光的色散。
1675 年	**牛頓** 發現牛頓環。
1675 年	羅默（1644－1710 年） 透過觀察木星成為第一個正確測出光速的人。
1678 年	**克里斯蒂安・惠更斯**（1629－1695 年） 建立光的波動論。
1704 年	**牛頓** 出版『光學』。
1708 年	佛蘭斯蒂德（1646－1719 年）、哈雷（1656－1742 年） 測量音速。
1727 年	布拉德雷（1693－1762 年） 發現光行差。
1800 年	赫歇爾（1738－1822 年） 發現紅外線。
1801 年	里特（1776－1810 年） 發現紫外線。
1801 年	**湯瑪士・楊格**（1773－1829 年） 用光的波動論解釋光的干涉現象。
1807 年	**讓・巴普蒂斯・約瑟夫・傅立葉**（1768－1830 年） 在第一篇有關熱傳導的論文中發表了傅立葉展開。
1808 年	馬呂斯（1775－1812 年） 發現偏振光。
1812 年	**傅立葉** 於懸賞論文「熱的解析理論」中再次提倡傅立葉展開。
1814 年	夫朗和斐（1787－1826 年） 發現太陽光譜的暗特徵譜線。
1817 年	楊格、菲涅耳（1788－1827 年） 證實光是一種橫波。
1842 年	**克里斯蒂安・安德烈亞斯・都卜勒**（1803－1853 年） 發現都卜勒效應。
1849 年	斐索（1819－1896 年） 首次在地球上用實驗成功測量光速。
1861 年	克希荷夫（1824－1887 年） 分析太陽光譜。
1873 年	馬克士威（1831－1879 年） 提出光的電磁波說。
1887 年	**恩斯特・馬赫**（1838－1916 年） 進行震波實驗，並用相機拍下。

不要言不及義，

要用最精簡的話說更多的事。

—— 畢達哥拉斯

（約前582 －前497年）

對自然的深入研究，

是數學發現的最豐富泉源。

—— 讓‧巴普蒂斯‧約瑟夫‧傅立葉

（1768 － 1830年）

當我們在思考中描摹事實時，描摹出的絕非事實本身，而是
只描摹對我們而言重要的側面。

—— 恩斯特‧馬赫

（1838 － 1916年）

8 磁與電

○── **吉爾伯特**

（1544 － 1603年）

說明「靜電」與「磁力」的不同

○── **庫倫**

（1736 － 1806年）

測量帶「電」物體周圍的作用力

○── **高斯**

（1777 － 1855年）

統一「電」與「磁」的單位

▍解開吸附力 —— 磁與電之謎

早在古希臘時代，哲學家泰利斯（約西元前625 －前547年）就已經發現琥珀摩擦過後可以用來吸附小東西。另一方面，磁鐵會吸附鐵的現象，也早已被希臘、古代中國等文明所知。磁鐵因為會被地球本身的磁場（**地磁**）所吸引，可用來指示方向，所以很早便被用來製作**羅盤**。

但歷史第一個認真研究了這些「吸附力」之性質和規律性的，是16世紀登場的**吉爾伯特**。他發現除了琥珀以外，還有很多物體在摩擦後都會產生靜電，而且他根據實驗的結果得出結論，磁鐵的吸引力，跟琥珀經由摩擦產生的吸引力是完全不同的兩種力，並將後者命名為「電力」。從此以後，「電」就成為眾多貴族認真研究的對象。

之後，18世紀出現了能夠儲存靜電的**萊頓瓶**（18世紀中葉）。從萊頓瓶釋放靜電時會產生閃電的現象，美國發明家班傑明·富蘭克林（1706 －1790年）猜出了雷的真面目，用風箏實驗成功將天空閃電的電能儲存到萊頓瓶中。而且他還提到了電有兩種狀態，為現代**正負電**的概念埋下伏筆。

在這些發現的基礎上，18世紀後半，**庫倫**等人發現電和磁的作用力大小，與距離的平方成反比。後來在電池發明後，人們才認識了電流的性質，經法拉第（p.106）等人的努力，發現了電磁具有**相互關係**，開始將電磁用於通訊、照明、**馬達**、**發電機**等各種現代化用途。同一時間，在數學領域被譽為天才的**高斯**等人，也透過精密的地磁和磁定律研究，統一了電磁的「單位」，並證明了電磁波的存在。

吉爾伯特

威廉・吉爾伯特（1544－1603年）／英國

生於英國，就讀劍橋大學，並在倫敦開業當醫生。曾擔任伊莉莎白一世和詹姆士一世的御醫。同時身兼物理學家、哲學家，將財產投入學術研究，留下許多成果。其中之一就是1600年出版的『論磁石』，透過電磁相關的實驗研究揭開了現代電磁學的序幕。

說明「靜電」與「磁力」的不同

混合東西知識的實驗科學萌芽

始於西元前古希臘的天文學、醫學、數學等各種科學，在經歷羅馬時代、7世紀之後的伊斯蘭教發展後，被阿拉伯為首的**東方文化圈**吸收。儘管當中也包含了煉金術等多少脫離科學範疇的神祕學研究，但阿拉伯的學術研究卻以實驗科學的態勢萌芽。11世紀到13世紀這段時間，西歐文明被基督教天主教會強力把持，促使各國展開**十字軍**東征，試圖從伊斯蘭教徒手中奪回聖地耶路撒冷。

多次東征讓**西歐**與東方文化圈有了交流，古希臘和阿拉伯的各種科學知識重新傳回西歐，在中世紀的基督教社會埋下種子。同時東西方的貿易商人也帶來了許多新資訊。最終這顆種子在12世紀的西歐冒出，再於14～16世紀達到鼎盛的**文藝復興**期間發芽，然後才有了近代科學的開花結果。

在此過程中，13世紀的英國哲學家羅傑・培根（1219前後－1292年）提倡實驗科學；至16世紀末，吉爾伯特已用實驗留下具體的科學成果。這段期間，過去長年只被當成迷信的磁鐵和靜電，都開始有人研究。

磁石的研究

吉爾伯特留下的豐功偉業中，包含了「用實驗論證」這句話帶來的意義。這幾個字於前述以拉

Electricity（電）的語源是希臘語

根據傳說，西拉哲學家泰利斯發現**琥珀**摩擦後可以吸附小東西，並將這個發現記錄了下來。琥珀的希臘語是 ήλεκτρον（〔elektron〕），又有「燃燒的太陽」之意。吉爾伯特為了表達這種能像琥珀一樣吸附物體的性質，便在著作中使用了一個改編自希臘語的拉丁語新詞electricus。後來這個字就變成了英語中的電 elecrticity。

對伊莉莎白一世展示磁力實驗成果的吉爾伯特

丁文寫成的『論磁石』一書中，成了書名的副標題。在該書內，吉爾伯特為自己親手實驗後得到的各種發現，依照重要程度標上大小不同的記號，歸納了所有與磁有關的知識，讓讀者得以俯瞰全部。

書中整理了磁石吸引特定物質時的表現，且提出了與後來的「場」概念相近的「Orbis」理論，認為其他磁性體進入 Orbis 範圍時就會受到磁的影響。且吉爾伯特明白指出地球是一顆巨大的磁石，更廣泛研究了地磁的偏角和俯角*。

另一方面，吉爾伯特認為地磁產生的原因是因為地球的自轉。這點在現代已經被否定。還有，吉爾伯特否定天動說，在『論磁石』的第6卷中，表示天體的運行可以用磁力來解釋，這點證明了哥白尼的地動說。考量到基督教會，他小心翼翼地措辭，但仍被不少人視為問題之作，導致這卷的複印本現在很多都已亡佚。

*地磁的偏角和俯角　地球自轉的極點和地磁的極點並非完全一致，所以指南針指的北方會稍微偏離真正的北方。偏角指的就是這個偏離的角度，會因地點和時間而異。同時磁針即使支點放在重心上也不會維持水平，所以俯角指的就是偏離水平面的角度。俯角會隨緯度改變。

發明驗電器，區分靜電力和磁力

前面說過，磁力和靜電力有很長一段時間都被混為一談。於是吉爾伯特為了研究靜電的性質，想出一種不會對磁石起反應，裝有類似方位磁針的旋轉針的驗電器，測量了各種物體帶電時的特性。

在『論磁石』的第二卷，吉爾伯特發現磁力是一種相距遙遠仍可作用的吸引力，且不需透過物質傳遞，是可以隔空作用的超距力。另一方面，電力雖然乍看相似，卻是一種需要靠物質傳遞才能作用的力。吉爾伯特因此說明理由，明確區分了這兩種作用。

也正是從這時開始，科學界才開始明確區分這兩種力。

吉爾伯特的著作『論磁石』（1600年）中，提到了地磁的存在。照片攝自金澤工業大學圖書中心藏書。

(((外溢效應)))

吉爾伯特認為天體的運動是受磁力影響的理論，在現代已被否定太陽和行星互相吸引的原因並非磁力。然而，天體世界存在一種眼睛看不見的超距力之想法，或許啟發了後來萬有引力的概念。

同時，吉爾伯特認為電力的作用需要介質的想法，在現代也同樣被否定。

即便如此，吉爾伯特用實驗對長久以來被視為迷信和經驗律的磁和電，提出理論性的解釋，並明確區分這兩種力的行為依然非常重要，為往後的電磁學時代開拓了道路。

庫倫

夏爾・奧古斯丁・德・庫侖（1736 － 1806年）／法國

生長於法國一個富裕的官員家，專攻數學，後成為一名物理學家、工程師。成年後進入陸軍士官校從事測量工作，期間剛好爆發法國大革命，因而辭職。但後來又被革命軍政府招聘負責制定新的度量衡。曾用扭秤測出帶電物體之間的作用力。因這項貢獻而成為電荷的計算單位。

測量帶「電」物體周圍的作用力

盛行電學研究

由吉爾伯特開啟的電學研究，刺激了17世紀以各國貴族為首的富人階級研究慾望。進入18世紀後，人們已知摩擦產生的靜電有兩個性質相反的種類，且異性電會彼此吸引，同性電會互相排斥。這個性質跟磁石十分相似，但此時的人們也知道帶異性電的物體在互相接觸後，這種電性作用便會消失。

靜電實驗在沙龍深受歡迎

另一方面，可儲存摩擦電的萊頓瓶被發明後，學界開始流行起儲電和放電的研究。因為人體在碰到儲有電力的物體後頭髮會豎起來，或是產生麻痺刺痛的觸電感，所以除了純粹的靜電研究外，這種表演在沙龍也相當受到歡迎。

因發現氧氣而聞名的約瑟夫・普利斯特里（1733 － 1804年）總結自己的實驗，在18世紀後半出版了一本綜覽了電學歷史的書籍。這本書刺激了很多研究者。書中根據重力的性質推論，同樣屬於超距力的電力，很可能也與距離的平方成反比。

庫倫也興奮不已？史上首次熱氣球載人飛行

庫倫被配屬至巴黎的時候，製紙業之子的孟格菲兄弟，在巴黎成功讓熱氣球飛上天。這次的載人飛行被教會抨擊為對上帝的褻瀆，卻仍得到在氣球實驗五年後發生的法國大革命中，被處刑的路易十六之飛行許可。這顆熱氣球載著報名挑戰的達爾郎侯爵和一個叫羅傑的人，飛上300英尺的天空，從布洛涅林苑飛行了5.5英里，創下二十五分鐘的飛行紀錄。此時身在巴黎的庫倫，以及活躍於同一時代，但後來於法國大革命中犧牲的化學家拉瓦節，（1743 － 1794年）相信也都聽說了這個傳遍大街小巷的新聞。後來此消息也經由荷蘭在四年後傳到江戶，刊載於『紅毛雜畫卷之一』的附圖上。

磁力的研究也開始盛行

同時，在庫倫生活的時代，磁的研究也跟靜電一樣盛行。譬如1752年，英國科學家約翰·米歇爾（1724－1793年）與約翰·坎通（1718－1772年）就出版了一本製作人工磁石和實驗的概論書。

被吉爾伯特分成兩種東西的電和磁，在現象上有很多共同之處，因此不少科學家會同時研究這兩者，庫倫便是其中之一。庫倫以定量測量電力和磁力與距離的關係，在1785年至1789年間，發表了一共七本與電和磁有關的論文。

庫倫的扭秤實驗

庫倫在實驗中所用的「扭秤」，長得就像下圖這樣。在容器中吊著一根細長的絕緣棒，棒子一端連接著小球，另一端則是與小球等重的砝碼。使這粒小球帶電後靠近另一個帶電的小球，兩球之間會因電力作用而移動，使棒子旋轉，扭轉絲線。藉此，就能比較兩球之間的靜電力大小。

庫倫就這樣測出靜電力與兩球距離的平方成反比，與電荷量的積成正比。這就是庫倫定律。而靜電力不只會作用於這種小球，也會作用在一切帶電的粒子之間。

除了庫倫之外，還有其他幾個人也用了不同的途徑得到相同的結論，但沒有立即公諸於世。像是英國的物理學家和數學家約翰·羅比遜（1739－1895年）、德國天文學家和物理學家的弗朗茲·埃皮努斯（1724－1802年）跟卡文迪許（p.34）。

艾菲爾鐵塔一樓看台的下面，刻有72名法國科學家的名字。庫倫的名字就刻在東南側，而安培（p.98）的名字刻在西北側。

庫倫用於實驗的扭秤復原圖

(((外溢效應)))

在那個大家都對電磁現象深感興趣的時代，在庫倫的前後也有很多人想找出電力與距離的關係。而庫倫是這些人中少數以定量測量電學現象產生的作用，並用數學表達出其中關係的人。而庫倫的研究方式，也是使科學從原本只是單純觀察、記錄現象的科學，演進到用數學表現的普遍化科學的推手之一。

高斯

卡爾・弗里德里希・高斯（1777 － 1855年）／德國

　　生於德國的工匠家，身兼數學、天文、物理學家，自幼便展現數學方面的才華，靠著熟人的金援和獎學金進入大學就讀。發現了現代處理實驗資料不可或缺的最小平方法，且在數論、分析學、複數平面等方面皆有重要研究，因此很多學科中，都存在以高斯命名的定律和方法。

統一「電」與「磁」的單位

立志成為天文學家的高斯

　　高斯在數學方面有著驚人的天賦，且有非常多卓越的研究，但與此同時，他卻立志成為一位能回饋社會的天文學家，並在1807年當上哥廷根天文台的台長。在18到19世紀這段時間，天文台除了觀測星星外，也會進行今天屬於地球科學範疇的地理測量和氣象觀測工作。因此高斯在這裡，不只研究了行星運行的法則，在地理方面也致力於測量設備的開發，以及地圖投影法的研究。另外，高斯還在哥廷根建立了地磁觀測站，令德國在這之後成為地磁研究的領頭羊。

研究地磁的原因

　　促使高斯走上地磁研究這條路的，是德國的博物學家兼探險家亞歷山大・馮・洪保德（1769 － 1859年）。他從1799年開始，花了五年的時間在中南美探險，發現地磁的強度會因地點而異。且地磁的強度是由極點向赤道逐漸減少。而與洪保德交好的高斯，和身為高斯晚輩的物理學家威廉・愛德華・韋伯（1804 － 1891年）在聽洪保德講過這件事後便展開研究。高斯努力思索能減少誤差的地磁測量方法，再加上數學的處理，成功制定了磁力強弱的單位系統。換言之，高斯成功把磁力使磁針轉動的強度，化成了可用長度、質量、時間等單位測定的**物理量**。

> **花絮**
>
> 因其偉大貢獻，曾一度成為德國馬克上的圖案
>
> 　　高斯最愛的妻子、次子、以及被譽為才能不輸高斯的長女，都在年紀輕輕時就相繼離世。且高斯再婚的對象也長年臥病在床，家運不是很好。因為高斯在數學上的貢獻，德國馬克的鈔票上，曾一度用常態分布的圖形和高斯肖像當圖案（部分放大後的肖像）。

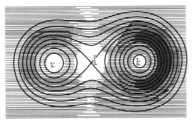

磁極的表示圖。高斯所繪的兩個磁極周圍磁力線形狀的復原圖。

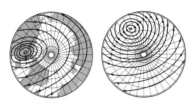

北極和南極的磁極線。圖為高斯猜想的地球北極和南極周邊的磁力線分布狀態。

在1881年舉辦的巴黎國際電力博覽會上聆聽立體聲的人們。同一時間還舉辦了聚集眾多學者的國際電學會議，制定了CGS單位。

致力統一磁力的單位

　　進入高斯生活的時代後，各國科學界都認識到單位的必要性和重要性，開始摸索替長度和重量制定各種可共享的單位。例如攝爾修斯（p.44）製作溫度計，並替溫度計設定刻度，就是18世紀前半葉的事。高斯和韋伯兩人在研究地磁的過程中，努力想統一電磁的單位系統。1881年在巴黎舉行的國際電學會議上，科學家決議引入**絕對單位制**（現在的**CGS單位**），而這已是高斯死後二十六年。伏打、安培、歐姆等現代人熟悉的單位，就是在這場會議上制定的。而遠比高斯年輕的韋伯此時依然在世，並參加了這場會議，提議以高斯作為磁通量密度的單位，並獲得採用。而磁通量的單位則是韋伯〔W〕自己。

數學巨人高斯

　　高斯的名字後來成為很多定理和方法的名字。高斯在用數學式表達空間這件事上擁有出色的才能，在數字方面可謂無人能出其右。而在物理學上，他憑藉自己最擅長的數學，發現了包含電磁學、液體的流動等許多現象背後的原理，找出了其中的規律性。現在在物理學的實驗中，最小平方法也是從眾多分散的資料中找出具有意義的近似值時不可或缺的方法。此外，機率論和統計學中資料分布情形之一的高斯分布（常態分布），也是由高斯發現的。

(((**外溢效應**)))

　　高斯運用其擅長的數學，在已累積了許多研究成果的電學和磁學領域發現了許多定律，立功無數。後來他的研究成果，更啟發了馬克士威導出電磁波的方程式。

靜電與磁鐵有何不同？
從生活思考科學！

在乾燥的冬天觸摸門把時不小心被靜電電到，是連小孩子也都體驗過的日常現象。「靜電」和「磁石」的力量，其實都屬於一種叫「電磁力」的力，但科學家花了很長一段時間，才領悟這件事。

啪哦

認識磁石的性質

磁石有**N極**和**S極**，且磁石的特徵就是N和S永遠成對存在，即使把一條磁鐵

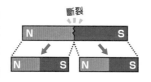

斷裂

棒從中間折斷，斷掉後的磁鐵兩端也會各自形成形成新的極，不會變成只有N極的磁石。

磁石周圍存在一個有磁力作用的空間，叫做**磁場**。用箭頭表示磁石的力，可以畫出一條條從N極射向S極的圓弧。在磁石的周圍撒上鐵粉就能觀察到這個情況。而這些線叫做**磁力線**，磁力線密的地方磁力較強。一定面積的磁力線加起來合稱**磁通量**，而單位面積內的磁通量（**磁通量密度**）可表示磁場的強弱。

磁石的異極會互相吸引，同極會互相排斥。指南針的磁針通常N極塗成紅色。把磁針放在磁場中，磁針在跟磁場源頭的磁極相吸相斥後，會沿著磁力線方向靜止不動。

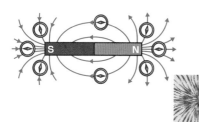

地球是一個大磁石

整個地球就是一個大磁石。所以，自古以來人類就懂得運用**指南針**來得知方向。

地球的北極（North）現在是S極，所以指南針的N極會被北極吸引，指向北方。

根據地層研究的結果，科學家發現地球的磁極在過去曾逆轉過許多次。

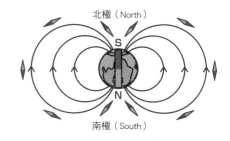

北極（North）

南極（South）

太陽也是磁石

太陽也是一個大磁石。另外，太陽表面溫度較低的**黑子**也會形成磁極，可用來推算每時每刻都在變化的磁力線。

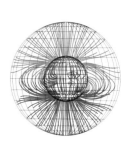

因電流通過而產生磁性的電磁鐵

一如我們在小學學過的，線圈在通電後會變成磁石。如果在線圈正中心穿入一根鐵棒，還會變成更強的磁鐵。電磁鐵一旦沒有電流就會失去磁性，這個性質被利用在機械上，可用來吸起沉重的鐵塊，搬運到其他地方後再放下。

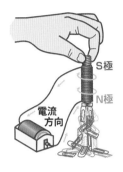

廢棄物處理場

利用磁石運作的交通工具

磁浮列車是一種利用磁石驅動的交通工具。

首先，先利用同極相斥的磁力使列車懸浮。

不過，列車懸浮在空中，車輪就無法產生摩擦力（p.18），利用推動地面的反作用力前進。因此，磁浮列車得運用其他方法前進。使一個磁石的N極靠近另一個磁石N極，然後再令同一個磁石的S極靠近另一個磁石的N極，那麼這個磁石的N極會產生斥力，S極會產生吸力，使磁石往S極的方向猛烈射出。

反覆利用這股斥力和吸力，列車就能往前跑。而磁浮列車中磁力的源頭就是磁石和電磁鐵。

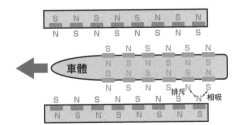

■ 推進線圈
■ 超導磁鐵

靜電的性質

把吸管從紙袋中抽出，或小孩子穿著化學纖維製的毛衣，在聚氯乙烯製的公園攀爬架上上竄下跳時，常常會產生靜電。這是因為吸管和紙，以及聚氯乙烯管和化學纖維互相摩擦所導致。

它們摩擦時，會產生帶＋電（正電）的物體和帶－電（負電）的物體。而同性電會相斥，異性電會相吸。

靜電是在碰到導電性強的物體時，積蓄的電荷一瞬間流過的現象。有時只是靠近而沒有碰到物體，空氣中也會出現閃電。這是電在原本不易導電的氣體中移動的放電現象，之所以會產生火花和聲音，是因為大電流在短時間流過所致。

雷就是雲發育得太大太重時，雲層內的細小冰晶互相摩擦，使雲塊形成帶正電和帶負電的區域，電流通過雲內或從雲塊移動到地面時產生的放電現象。在約 0.001 秒的時間內，高達數千到數億伏特的龐大能量一瞬間通過，就產生了光和熱。

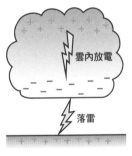

雷的原理

靜電的利用

靜電可吸附細小物體的性質，被利用在汽車的烤漆和影印機上。

大家可以自己去查查有哪些東西運用到了靜電。

另外，其實也有個方法可以去除惱人的靜電。各位不妨試著思考看看，既然靜電容易發生在乾燥處，且不會發生在高濕度的環境中，那麼有什麼方法可以防止靜電發生呢？

讓貴族也沉迷於其中的靜電

沙龍的人氣表演

握門把時被靜電電到，任誰都會嚇一跳。18世紀時，在可以產生靜電的裝置和可以儲存靜電的萊頓瓶發明後，不只是研究電力的科學家，連好奇心旺盛的普通人也開始熱衷於體驗靜電。

17世紀下半約1663年，格里克（p.24）發明了摩擦起電機。這個裝飾可藉由轉動轉軸上裝有硫磺球的旋轉把手來產生靜電。後來，牛頓使用玻璃球改良了**摩擦起電機**，且加快了轉速，且把摩擦物換成毛織物，下了許多工夫，讓它能產生更多靜電。

除此之外，為了防止電荷流失，藉由靠近**絕緣**後的導體來儲存電荷的方法也被想出來。這種導體不一定得是物體，如果換成人站在絕緣台上，電荷就會儲存在那個人身上。

在現代也有讓人碰觸可產生靜電的范德格拉夫起電機，使電荷儲存在觸摸者身上，令其毛髮豎起來，且其他人若是觸摸那個人，也會有觸電感的科學表演。而類似的表演也曾在當時的貴族沙龍內展示，經常能在沙龍中看到下圖的風景。

在日本，1776年，江戶的平賀源內模仿從荷蘭引進的一種叫Elekiter的機器，製作了摩擦起電機。然後，19世紀初期的日本也留下了如歐洲的沙龍那樣，用靜電表演捉弄上百位觀眾的紀錄（下圖）。

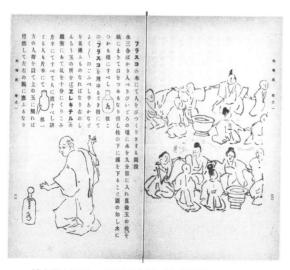

橋本鄭（1763－1836年）著 『和蘭始制ヱレキテル究理原』中百人驚嚇的情景。大正十四年版 國立國會圖書館網路版提供

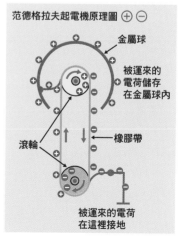

范德格拉夫起電機原理圖 ⊕ ⊖

金屬球

被運來的電荷儲存在金屬球內

橡膠帶

滾輪

被運來的電荷在這裡接地

上下的滾輪與橡膠帶摩擦生電。由於上下滾輪的材質不同，因此會帶不同極的電。

9 電流

伏打
（1745 – 1827年）

發明「伏打電池」，加速電學相關的實驗

安培
（1775 – 1836年）

弄清電流與周圍磁場的關係

歐姆
（1787 – 1854年）

發現「歐姆定律」，確立「電阻」和「電壓」的概念

檸檬電池

電池是偉大的發明

我們在學校學習電學時，一定都聽過伏特〔V〕、安培〔A〕、歐姆〔Ω〕這三個單位。這些全都是為解開電學性質之謎、有著卓越貢獻之科學家的名字。電路對現代人而言，已經是非常熟悉的名詞，但那終究只是人類想出來的創造物。而在自然界中能被我們察覺的電學現象，大多都屬於靜電。

自古以來，人類便知道某些物體在摩擦後可以產生靜電，並在18世紀發明了可以儲存靜電的萊頓瓶。然而，將大量儲存的電一口氣放出，雖然可以產生火花和巨響，能量卻在一瞬間就會消散。為了方便研究和利用，科學家努力尋找一種可以不讓電力瞬間消散，而能穩定取出來的方法。現代人在日常生活中每天都在不自覺使用的電池，一直到了西元1800年才被發明出來。

我想有些人應該在學校的自由研究時有做過一種檸檬電池。製作檸檬電池要把兩種不同的金屬片插進檸檬，使其接觸到檸檬的汁液。不知道你還記不記得呢？

而**伏打**就是那個發現了把兩種不同金屬插進鹽水後可以產生電力，並把含有鹽水的紙，夾在兩種金屬之間交疊起來，做出史上第一顆電池的人。電池的問世讓科學家能使「電流」流過導線，研究電池和電流的強度，以及電流的流動性質等。**安培**則發現了流過導線的電流與周圍產生之磁場的關係和作用，為後來法拉第（p.106）的發現鋪平道路。**歐姆**則研究了通過金屬線的電流，發現電流的大小跟金屬長度（相當於抗阻）的乘積是固定的，建立我們在中學都學過的歐姆定律的原型。就這樣，科學家逐漸認識了電的特性。

伏打

亞歷山德羅・朱塞佩・安東尼奧・阿納斯塔西奧・伏打（1745－1827年）／義大利

生於義大利阿爾卑斯山的山麓下，風光明媚之科莫湖畔的富裕家庭。物理、化學家，後來成為科莫大學的物理學教授。在靜電實驗中改良出比當時的起電機更容易產生靜電的起電盤，還研究了現代所謂的電容的性質。因發明伏打電池（電堆＊）而被拿破崙授予伯爵爵位。

發明「伏打電池」，加速電學相關的實驗

電從哪裡來？

電池這項發明的起源，是義大利身兼醫生和物理學家的伽伐尼（1737－1798年）。他在解剖青蛙時，用兩種不同金屬的導線連接青蛙的肌肉，發現青蛙的腳會像觸電時一樣顫動。於是，伽伐尼從而推斷動物的肌肉和神經中，原本就存在電力（**生物電流**）。

這個現象被很多人研究，並針對電究竟來自哪裡展開激烈的論戰。其中洪保德（p.90）支持伽伐尼的主張，而伏打起初也贊同此看法，但在做了許多實驗後，伏打逐漸懷疑該電力是由兩種金屬和溼潤物質所產生。

拿破崙也關注的伏打電堆

伏打後來進一步發展自己的理論，以鋅板（負極）和銅板（正極）作為理論中的兩種金屬，在兩種金屬板間夾入濕布或紙作為溼潤物質，進行了多次實驗，而且為了能夠穩定產生大量電力，在液體種類上下了很多工夫，最終做出能堆疊好幾層的電堆。

西元1800年，伏打從義大利將報告寄去英國皇家學會發表，並受到法國皇帝拿破崙・波拿巴（1769－1821年）召見，在其面前展示實驗。這個實驗中所用的電池就被稱為伏打電池（又稱伏打電堆或**伽伐尼電池**＊＊）。

日本製的電池「屋井乾電池」

話說，不同於使用液體的伏打電池，第一個發明不使用液體的乾電池（在伏打以後使用液體的電池則稱為濕電池）的人，則是鐘錶工屋井先藏。「電鐘」是一種所有時鐘都能以相同速度轉動的鐘，而屋井原本是使用濕電池作為電鐘的電源。然而，由於液體在冬天時容易結凍，屋井便著手進行改良。然後終於在1887年領先全球開發出簡單易用的「屋井乾電池」。然而當時因為屋井沒錢，直到發明出乾電池七年後才去申請專利，故被外國搶先一步登記。

屋井先藏

屋井乾電池。一般社團法人電池工業會所藏。

在拿破崙面前展示電堆實驗的伏打

義大利統一改用歐元前的一萬元面額的里拉鈔票
（上面的圖案經過部分放大）上所印的伏打和電堆

幾經研究終於發現「電動勢」

在那之後，伏打繼續研究如何產生更大的電力。他在裝滿液體的容器中插入鋅板和銅板，然後把好幾個同樣的容器連在一起，並嘗試了許多金屬板的種類和間隔。過程中，伏打將注意力聚焦在產生電力的「電池」在不同條件下產生的電力大小差異，最後形成了「電動勢」的概念。

為了紀念伏打，後人便以伏特〔Ｖ〕作為電壓和電動勢的單位。

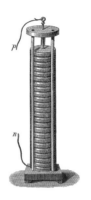

伏打電堆

＊電堆
金屬板疊成的伏打電池。即堆疊的意思，形容伏打電池形狀的pile之譯名。
＊＊伽伐尼電池
由兩種金屬連成，利用化學反應產生電流的電池，統稱為伽伐尼電池。伏打電池和後來正負極使用不同液體的鋅銅電池，都屬於伽伐尼電池。

請與p.95的檸檬電池比較看看。包含金屬板的連接方式等，整體的結構是不是很相似？伏打嘗試了很多種金屬板和液體的組合，並實驗了各種連接方式。

（（（ 外溢效應 ）））

就這樣，人們從此獲得了可以穩定產生電力的方法，使電學相關實驗的範圍有了大幅提升。而且不久後就馬上有科學家用電池進行了水的電解，推動了近代科學的發展。另一方面，由於伏打電池又大又重，而且還會漏液，並不利於實用，因此在這之後，很多人都開始研究如何製造更好用的電池。另外，伏打試驗哪種金屬更適合製造電池的研究，也成為現代離子化傾向研究的發端。

安培

安德烈·馬里·安培（1775 - 1836年）／法國

生於法國的物理學家、數學家，自幼擅長數學。在法國大革命後的恐怖政治中失去擔任公務員的父親，度過了一段混亂的青年歲月，後來在里昂大學等學校執教。對電流和磁場的關係做過廣泛研究。

弄清電流與周圍磁場的關係

研究電流周圍產生的磁場

伏打電池問世後，人類能夠讓穩定的電流通過導線，對於電流性質的研究有了長足的進步。丹麥物理學家漢斯·克里斯蒂安·厄斯特（1777 - 1851年）從有電流通過的地方指南針磁針會移動的現象，推測是電流在影響磁針，用實驗測試電流和磁針的關係。結果，他發現電流通過時會在導線周圍形成圓形的磁場。看到這份報告後，安培繼續了厄斯特的研究，在1820年發表了一篇名為『關於兩電流之交互作用』的報告。

磁場方向由電流方向決定

安培發現，磁針的轉動方向是由電流的方向決定的。這個規律在現代國中教科書中叫「**右手定則**」，並附有圖片解說。

若通過導線的電流方向相反，產生的磁場也會反過來。不僅如此，安培還發現若有兩條平行的導線，當兩條導線的電流方向相同時，導線會互相吸引；若兩條導線的電流方向相反，則會互相排斥（**平行電流的交互作用**）。這是因為兩條導線產生的磁場互相影響所致。

是優秀的研究者，也是出色的老師

據說安培在看到厄斯特的報告後，僅用了短短兩個星期就成功完成了自己設計的實驗，並把成果報告給科學院。

安培除了是一位優秀的學者，一生還當過家教和大學教授，教授數學、科學、哲學等各式各樣的學問。後來安培在馬賽過世，與自己的兒子讓·雅克一同埋葬在巴黎蒙馬特的墓園中。

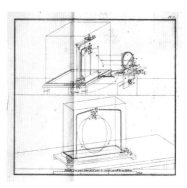

安培報告給科學院的論文『關於兩電流的交互作用』中之附圖。照片攝自金澤工業大學圖書中心藏書。

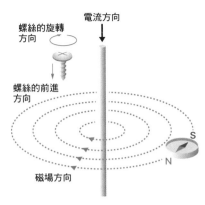

用來判斷電流和磁場方向的右手定則（日本的學校是用螺絲來記憶）。螺絲前進的方向就是電流方向，螺絲旋轉的方向是磁場方向。

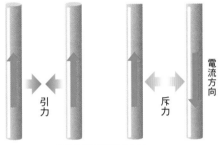

兩個平行電流的作用力

〈表示與紙面垂直的符號〉

實心點 表示從紙的背面
⊙ 　往正面的符號

叉叉 表示從紙的正面
⊗ 　往背面的符號

安培定律

　　另一方面，電流的大小也會影響磁針轉動的幅度。換言之電流大小和磁場強弱也有關係。所謂的「**安培定律**」，指的是導線（封閉迴路）周圍形成的磁場強度總和，與電流的大小成正比。

　　於是，科學家這才意識到電流方向的重要性，並明白電流方向跟指南針顯示的磁場間的對應關係。不僅如此，這個發現使人們可以透過磁針的轉動幅度去量化電流大小，讓電磁的世界得以往前邁進下個階段。

認為電流是微粒子的安培

　　安培曾認為，電流是無數微小的帶電粒子的流動（分子電流），與後來的電子的概念十分相近，但在當時並未受到科學界認同。後來為了紀念安培的貢獻，科學界便以安培〔A〕作為電流的單位。

位於法國安培廣場上的安培銅像

(((外溢效應)))

　　「電流通過導線時會在周圍產生磁場」，以及「兩條導線之間會產生力」這兩個發想，後來被法拉第舉一反三，想到可以把其中一條導線換成磁石，研究出了馬達和發電機。同時，安培發現的定律，在後來也經馬克士威（p.108）之手，數學化成表示電磁波的四種方程式之一。

　　安培的其中一大功績，就是使用了帶有方向的量（今天的向量）之概念。現在，許多物理量都是用向量來表示的。

歐姆

蓋歐格・西蒙・歐姆（1787 － 1854 年）／德國

　　生於德國的一個鎖匠世家，自幼便跟隨也是自學長大的父親學習科學，後來在大學考取博士學位，成為數學講師。在科隆的理工科文理中學教授物理，並開始自己做實驗，留下許多與電學有關的功績。

發現「歐姆定律」，確立「電阻」和「電壓」的概念

研究電流的性質

　　宛如是要超越發現電力和磁力之關係的安培，歐姆選擇從另一個不同的方向研究電流的性質。歐姆猜想，就像溫差會讓熱量流動一樣，電壓（電位差）或許也會產生電動勢，使電流流過導線。由於當時安培已經確立了測量電流的方法，因此歐姆便去研究金屬種類、長度、粗細與電流大小之間的關係。

　　歐姆在這些實驗中使用伏打電池當作電源，但因為使用時電流的變化太激烈，便放棄了伏打電池，轉而利用兩種金屬存在溫差時產生的電流來實驗。這是 1821 年德國物理學家托馬斯・約翰・塞貝克（1770 － 1831 年）發現的現象，名為賽貝克效應。而歐姆立刻利用了這項發現。他讓兩金屬保持固定的溫差，以固定的電動勢產生電流，確定了電流的強度與鐵絲的截面積成正比，與鐵絲的長度成反比。

歐姆定律帶來的東西

　　歐姆的著作中最為有名的是『**直流電路的數學研究**』（1827 年），在這本著作中，歐姆以數學方式考察了伏打發明的伏打電池（伽伐尼電池）與其產生之電流的電力現象，並闡述了自己前年發表的歐姆定律。在中學學習電流有關的單元時，通常是以 V 代表電壓（電位差）、I 代表電流、R 代表電阻，並習慣將 V＝IR 這個關係式稱為「歐姆定律」。

　　然而在 19 世紀，當歐姆發表這個關係式的時候，其實根本還不存在電壓（電位差）和電阻這兩個詞。歐姆發現的其實是「電流的強度與金屬長度（即抗阻）的積為固定值（即電壓）」這件事。儘管他並未想出電阻和電壓的名詞，但歐姆的發現卻已奠定了這兩個概念。

在母國以外備受讚譽的功績

　　歐姆闡述的關係式，對於電路的理解是一項極為重要的發現，但不幸的是這項發現並未引起德國科學界的關注。然而，在電信技術發達的英國，卻很重視與對電信網路十分重要的金屬長度有關之定律。因此，歐姆後來得到了皇家學會頒發的獎章。

　　這件事使得歐姆在德國也重新被人評價，於

歐姆的著作『直流電路的數學研究』（1827 年）。照片攝自金澤工業大學圖書中心藏書。

六十歲時終於被慕尼黑大學聘為實驗物理學的教授。而歐姆的名字也成為電阻的單位歐姆〔Ω〕。

歐姆時代的德國和英國之差異

其實，歐姆發現的這個定律，早在更早以前便被英國的卡文迪許（p.34）發現。而卡文迪許的實驗比歐姆早了近五十年，是在1781年發現的，只是卡文迪許並未公開自己的成果。這件事是後來從卡文迪許遺留的手稿中得知的。因此歐姆是完全靠自己的能力發現了相同的定律。

相信從這個故事大家多少可以想像，當時英國的科學走在世界的最尖端。英國、法國、西班牙、荷蘭等國靠著殖民而發財，正值工業革命發生，社會結構大幅轉變的時代。在歐姆定律被發現的19世紀前半葉，受惠於工業革命後各種科學技術的發明，英國的國力可謂如日中天。

另一方面，德國在18世紀末才好不容易展開民族統一，社會剛開始近代化，儘管在科學研究上有許多先進的人才，但還需要一些時間才能消化科學界的研究成果，轉換為應用技術，回饋給社會。

電信是種看不見的武器——英國歷史學家丹尼爾・R・希德里克（1941年－）曾如此說過。因工業革命而走在世界尖端的英國，鐵路網和電信技術的發展也相當迅速。尤其為電信技術的發展解決一大難題的歐姆定律，對當時的英國而言，可說是無上的至寶。

(((外溢效應)))

歐姆做了無數次的實驗，摸索著如何以數學來表達電力現象，結果開創了後來的電路學。若沒有歐姆定律的話，現代的電力技術就不見得會如此進步。

花絮

改變人們生活的「電燈」

歐姆過世後沒幾年的19世紀後半，發電廠如雨後春筍般一座座興建，形成廣大的電網，有線通訊變得十分發達，電力一下子就進入了實用化的時代。儘管每項發明都大大改變了人們的生活，但對當時所有人而言，變化最大的當屬電燈這種照明器具。1879年，美國發明大王愛迪生（1847－1931年）製作出白熾燈泡，使電燈普及到了全世界。要讓白熾燈泡實用化，必須先找出壽命夠長的燈絲，而當時京都的竹炭是所有材質中最合適的，平均壽命可達一千小時以上。因此日本的竹子在1894年以前，一直肩負著點亮全球的任務。直到後來鎢絲燈泡出現後才被取代。

什麼是「通電」？從生活思考科學！

大家在使用電器用品之前，通常都要先插上插座，或是打開開關對吧？不那麼做的話電器就沒法啟動。這個看似理所當然的事情，背後究竟是什麼原理呢？

首先需要給電通過的道路「電路」

給個提示，答案跟**電路**有關。發電廠和電池產生的電力，可以當成「**電源**」給我們使用，但在「**電器**」把電能轉換成光、熱、聲音、動力等能量前，還需要先製作一條能讓電通過的迴路。在國中我們已學過基本的電路知識，電源就是「**電壓**」，電的流動是「**電流**」，而電器則是「**電阻**」的部分。

電壓・伏特〔V〕

帶電物體**電荷**的周圍存在一個會產生電力的空間，這個空間叫做**電場**。在電場中，作用於其他電荷的電力強度（也要考慮方向）E 就稱為**電場強度**，可用 $E=kQ/r^2$（k是比例常數，Q是電荷量，r是與電荷的距離）〔$N/C=V/m$〕表示。另外，因在電場中的位置而積蓄在電荷上的電能（**電位能**）大小叫做**電位**。

電場中的兩點間的**電位差**就叫電壓，用迴路連接存在電位差的兩點，電流就會流過迴路。

電壓的大小可使用**電壓計**測量，單位是**伏特**〔V〕。由於電壓可以產生電流，因此有時又叫電動勢。

電流・安培〔A〕

因電位差而在迴路上產生的電流，會像河水一樣沿著迴路前進，所以在迴路分叉的時候流量會減少。另外電流會從電位高的地方流向電位低的地方，所以在電池等電流只會持續朝單一方向流動的**直流電源**上，電流的方向就是從正極往負極移動。

電流大小可用**電流計**測量，單位是**安培**〔A〕。電流的真面目，其實是**電子**從負極移動到正極的過程，與電流的方向恰恰相反。

而插座屬於電流方向會不斷改變的**交流電源**。在日本關東每秒會改變五十次，在關西則是六十次。因此，交流電不需要理會方向問題，只要注意電流大小即可。

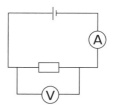

電流計和電壓計的連接方式

電流計與迴路串聯，而電壓計則是並聯。

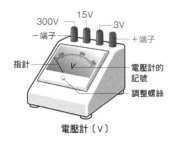

電壓計〔V〕

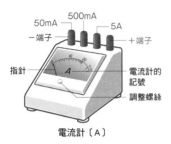

電流計〔A〕

電阻・歐姆〔Ω〕

電流不易通過的程度叫做電阻，大小單位是**歐姆〔Ω〕**。

物質分為電流容易通過的**導體**、完全無法通過的**非導體（絕緣體）**、以及只能少量通過的**半導體**。

絕大多數的金屬都是導體，其中金、銀、銅等金屬導電性最佳，電阻幾乎是0〔Ω〕。這些材質很適合當作導線。導體中也存在比其他金屬電阻更大的材質，如鎳鉻合金，被用於製作電熱線。電阻會使電能轉換為熱或光。而不少電器產品都利用了電阻的這項特性。

如同導線等相同粗細的物體，其長度愈長的電阻愈大，因此電阻大小與長度成正比，與**截面積**成反比。另外，金屬的溫度愈高，電阻也會變大。而木頭、塑膠、玻璃、橡膠等非導體，電流幾乎無法通過，所以常被用包覆電線、製作插座外殼、製作電器的外殼來阻隔電流，用於各種不同的領域。

半導體則十分適合當成控制電壓和電流的元件，是**積體電路（LSO、IC）**和**發光二極體**等的原料。

電路和歐姆定律

如果只用導線連接電源，由於幾乎沒有電阻，所以會直接造成**短路**，使**大量電流**一次通過線路，導致電源或導線急速發熱起火，非常危險。

電路都是被設計來利用電能替我們完成工作的。所以在有了電源之後，還要思考在電路上加上多大的電阻，使多少電流流過，且電路結構能否承受電流和電阻產生的光和熱。然後才能成為電器產品和我們家中的配線。

而其中的基礎就是闡釋了電壓、電流、和電阻之間關係的**歐姆定律** $V〔V〕= I〔A〕× R〔Ω〕$。

串聯：$R1$ 的電阻和 $R2$ 的電阻直接連成一條的迴路

整體的電阻 $R = R1 + R2$　　電流 $I = I1 = I2$，全部相同　　整體的電壓 $V = V1 + V2$

並聯：$R1$ 的電阻與 $R2$ 的電阻各自接在兩條分叉的迴路上

整體的電阻 $\dfrac{1}{R} = \dfrac{1}{R1} + \dfrac{1}{R2}$　　整體的電流 $I = I1 + I2$　　電壓 $V = V1 = V2$，全部相同

電流與磁場的研究者・厄斯特

生於丹麥的黃金時代，援助年輕的童話作家安徒生

北歐王國的丹麥，是一個由日德蘭半島和大小群島集合而成的國家。尼爾斯・波耳（p.150）、奧勒・羅默（p.50）、得到諾貝爾獎的尼爾斯・呂貝里・芬森（1860－1904年）、以及因地震波研究而聞名的女性地質學家英厄・萊曼（1888－1993年）等人都是丹麥出身。

在世界盛行電學研究的19世紀前半，儘管丹麥正值政治動盪的時代，不過同時藝術領域卻也在德國的影響下開花結果，被譽為藝術創作的黃金時代。繪畫、雕刻、建築、音樂、文學等各個領域都誕生出名留青史的人才。其中一個例子就是創作了知名『人魚公主』故事的童話作家漢斯・克里斯汀・安徒生（1805－1875年）。電流和磁場的研究者漢斯・克里斯蒂安・厄斯特也同樣生在這個時代，並經常援助年輕的安徒生，與他成為摯友。

厄斯特幾乎是靠自學考進哥本哈根大學的，後來更當上物理學教授。他發現在有電流通過的導線附近，指南針的磁針不會指向正確的方位。於是，他認為是電流對周圍的空間造成了某種磁力上的影響，並嘗試用實驗找出其中正確的關係性和對稱性。

另一方面，同時也是哲學家和藝術家的厄斯特，也曾留下一篇以三人對話的形式寫成的詩集『飛船（Luftskibet）』，是一位不折不扣的詩人。令人聯想到希臘神話中，飛向太陽的伊卡洛斯的這部作品，顯示了在那個藝術盛行的黃金時代，科學和藝術都同樣令丹麥人著迷。厄斯特在世時，還設立了丹麥專利局的前身組織，其名字也成為磁場的單位奧〔Oe〕*。

---

* 厄斯特的本名是 Hans Christian Ørsted。在中文學術界「Ørsted」當名字時，通常譯為「厄斯特」，但當成單位時卻被譯為「奧斯特」，故簡稱為「奧」。

花絮

這三種迴路中，小燈泡的亮度會如何變化？請用 p.103 的關係想想看

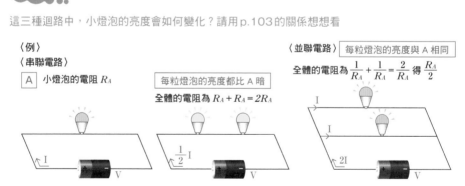

〈例〉

〈串聯電路〉

A　小燈泡的電阻 R_A

每粒燈泡的亮度都比 A 暗

全體的電阻為 $R_A + R_A = 2R_A$

〈並聯電路〉　每粒燈泡的亮度與 A 相同

全體的電阻為 $\frac{1}{R_A} + \frac{1}{R_A} = \frac{2}{R_A}$ 得 $\frac{R_A}{2}$

比起一顆乾電池配一粒小燈泡，配兩粒小燈泡的時候——

串聯：比起只有一粒燈泡的情況，整個迴路的電阻變為兩粒燈泡的和，也就是兩倍，故流過的電流會減半。
迴路內所有地方的電流都一樣大，故兩粒燈泡的亮度相同，但因為電流大小減半，所以亮度比只有一粒燈泡時暗。
切斷其中一粒燈泡的燈絲，整個迴路就會形成斷路，使另一個燈泡也熄滅。

並聯：比起只有一粒燈泡的情況，整個迴路的電阻減半，通過的電流變為兩倍。
因為電流在中途分為兩條，所以流經兩粒燈泡的電流都只有一半。因此兩粒燈泡的亮度相同，且因為兩粒燈泡的電流大小都跟只有一粒燈泡的時候一樣大，所以亮度跟 A 相同。
即使熄滅其中一粒燈泡，另一邊的迴路也不會斷掉，所以另一粒燈泡不會熄滅。

10 電磁波

▎存在於我們身邊的能量「電磁波」

電磁波是一種充滿了整個世界的能量搬運的形態，也是我們身邊最常利用的波。

我們用「眼睛」看東西，是利用眼睛這個接收器接收可見光範圍的電磁波後，再用大腦去識別成有用的資訊。而在太陽底下體溫會上升則是因為紅外線，皮膚曬黑則是因為紫外線，這兩種也都是電磁波。由此可見，人早在演化最早期的階段就深受電磁波影響，卻花了很長一段時間才了解它的真面貌。現在人們已了解不同波長的電磁波特性，並將它們運用在生活的各個層面。

人類自古希臘就開始研究磁石和靜電的性質，然後經過眾多科學家的實驗，終於想出了電池這種能穩定輸出電流的方法。結果，電和磁的研究一同隨之突飛猛進，兩者具有某種密不可分的關係也顯而易見。

法拉第從電流之間的交互作用是出於電流周圍

會產生磁場這點，猜測磁石和電流之間也存在相同的交互作用，想出了用磁石和電流來「推動」導線的點子。通常要「移動」一個物體，就必須直接接觸它，但像萬有引力卻可以不用接觸就產生作用力。而電力和磁力也同樣可不接觸就作用，在特定條件下使物體發生「位移」。結果法拉第的實驗成功，而且想到辦法讓導線持續運動，最後創造出現代所說的馬達。法拉第還發現了移動磁石會產生電流的電磁感應現象。這個發現後來變成了發電機，建立了以電為中心的現代社會。

而第一個整理了安培（p.98）和法拉第、高斯（p.90）等人發現的定律，將電與磁的關係寫成數學式的人則是**馬克士威**。他預言了電和磁一起傳播的「電磁波」之存在，並表示「光」也是一種電磁波。後來這個理論被**赫茲**在實驗中證明。

法拉第

麥可·法拉第（1791 － 1867年）／英國

生於英國一個貧窮的家庭，但在書店當伙計的過程中接觸到許多書，並靠自學踏上科學之路，進入皇家研究所擔任助手。電容器等設備上常用的靜電容量單位「法拉〔F〕」就是取自法拉第的名字。留下馬達和電磁感應原理等重要的發現。

解開「電」與「磁」無法分割的關係之謎

法拉第的公開實驗

大家知道『法拉第的蠟燭科學』這本書嗎（圖1）？這本書是彙集法拉第在皇家研究所為小孩子進行聖誕節演講之內容、編纂而成的，在日本長期以來都被當成通俗的科學讀本。法拉第在皇家研究所進行電動機的公開實驗時，一名女觀眾曾問他「請問這個新玩具有什麼用呢？」。這位婦人大概是覺得這台只能使鐵絲移動幾公分的電動機沒什麼魅力吧。據說法拉第回答她：「請問剛出生的小嬰兒又有什麼用呢」。而這項發現，就是改變世界的馬達之雛形。

馬達的起源

1821年，法拉第成功利用電流的磁力作用產生持續不斷的動力。這台裝置的結構如下：他在容器中裝入水銀，容器的內緣接著電極，中間垂著一條銅線浸在水銀內，接著把導線和電極接上電源，電流就會流過整個裝置。鐵絲的旁邊立著一塊磁石，裝置通電後，垂下的銅線就會跟磁石產生交互作用而動起來（圖2右側）。同時法拉第也做了一個換成磁石可以繞著導線移動的版本（圖2左側）。

圖1 『法拉第的蠟燭科學』日文版，法拉第 著，竹內敬人 譯

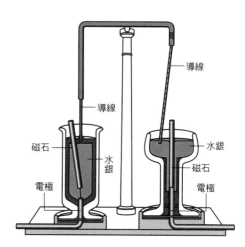

圖2 這個裝置是由電極經過水銀再連到導線形成的迴路，通電後電流會通過整個裝置。

發現電磁感應

不僅如此，法拉第發現在吊著的磁石下旋轉銅板，磁石也會跟著旋轉。其他學者知道後，都開始努力研究電磁之間的相互作用，想找出更深入的關係。既然電流會產生磁場，那麼磁力或許也可以產生電流——安培（p.98）等人當時也有想到這點，但靜止的磁石並不能產生任何電流。在做出馬達原型實驗的十年後，也就是1831年，法拉第終於發現磁場的變化會產生電流（**電磁感應**）。他把兩組銅線纏繞在一個鐵環上，發現當其中一組銅線通電和切斷電流的瞬間，檢流計的指針動了一下（圖3）。另外，用棒狀的磁鐵在線圈中來回移動時，也檢測到了電流。與法拉第同一時期，美國物理學家暨史密森尼學會的首任會長約瑟·亨利（1797－1878）也發現了電磁感應。

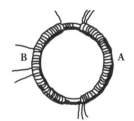

圖3　雖然纏在同一個鐵環上，但A和B是兩組不同的線圈。當一側的線圈通電時，另一側的線圈也會產生電流，被檢流計測量到。

(((**外溢效應**)))

法拉第發現電磁感應後五十年，世界首座電燈用的發電廠在倫敦建立。在利用電磁感應的發電機逐代改良的同時，馬達的技術也在不斷推進，變得只要通電就能輕鬆利用，且逐漸小型化，快速取代了蒸汽機。

花絮

科學成為一種素養

法拉第是個十分善於演講的人，他每週五晚間在皇家研究所的演講總是座無虛席。而且在以孩童為主要群眾的聖誕節演講上，除了小孩子外，還能見到許多身穿禮服的婦女，可見當時科學已漸漸成為一種素養，引起廣大群眾的興趣。

皇家研究所直到現在，仍會定期舉行這樣的演講（照片右）。

1855年法拉第於皇家研究所舉行聖誕演講時的情景。

現在也依舊會在皇家研究所舉辦演講會。照片攝於2015年12月1日的演講活動。

馬克士威

詹姆士・克拉克・馬克士威（1831 − 1879年）／英國

出生於英國（蘇格蘭），愛丁堡大學畢業的理論物理學家。除了電磁學以外，在氣體分子運動和統計熱力學上的研究也很有名。用理論證明了土星環並非一塊巨大的板狀物，而是由無數碎粒組成的。在熱力學方面提出了著名的「馬克士威惡魔」思想實驗。

用數學式表達理論上存在「電磁波」這件事

通訊技術進步的時代

隨著電池的發明，電與磁的相關原理被逐漸解開，人們很快就將電力應用在資訊的交換上。1837年有線電報機在英國投入營運，並於七年後在美國登場。

然而在19世紀後半，馬克士威便預言和驗證了電磁波的存在，為才剛普及不久的有線通訊的退場埋下伏筆。

電和磁的各種定律

馬克士威出生於法拉第（p.106）發現電磁感應的那年，並深受法拉第的著作『電的實驗性研究』中闡述的概念刺激。帶有電或磁的物體，會對周圍一定範圍內的空間產生物理性影響。這個概念在現代被稱為電場和磁場。電磁感應定律說磁場變化會產生電流，換言之磁場會產生電場。

另一方面，安培（p.98）則發現了電場的變化會產生磁場。

除此之外，高斯（p.90）則弄清了電荷和磁力在空間中的分布方式。

統一了電磁定律的馬克士威方程組

馬克士威在1864年整理了這些前人的發現，將電場的時間性變化產生磁場，且反之亦可（磁場與電場的對稱性）的機制模型化，利用向量分析，

卡文迪許實驗室的首任所長

今天被我們稱為「馬克士威方程組」的方程式，其實跟馬克士威當年寫出來的版本不太一樣，而是後來經過赫茲（p.110）之手整理過的版本。

馬克士威對在現代仍是英國科學界表率之卡文迪許實驗室的設立貢獻良多，於1874年就任為首任所長。

多年後，愛因斯坦造訪劍橋時，曾緬懷同為英國物理學家的牛頓和馬克士威，並表示馬克士威的研究成果對自己的幫助比牛頓更大，十分尊敬他。馬克士威發現了卡文迪許（p.34）的遺稿並將之整理公開，除了自己的研究外，還做了許多偉大的工作，只可惜他年僅四十八歲便離開了人世。

不用文字而用數學來描述它們。這個統一描述了電磁現象的方程式組，被稱為「馬克士威方程組」。同時，馬克士威還預言了電磁波的存在，並證明其傳播速度等於光速，顯示了光也是一種電磁波。

大大改變物理學的「場」論

給予馬克士威很多影響的法拉第，儘管一生有許多重要的發現，卻一直弄不明白這些現象背後的成因為何。法拉第認為，電磁鐵和鐵塊之所以沒有接觸也能互相吸引，並不是牛頓（p.32）所說的「超距作用」在搞鬼，而是電磁鐵和鐵塊間看似空無一物的空間中藏著某種東西，幫忙傳遞力量。法拉第將這個存在某種東西的特殊空間稱為「場」。換言之，磁石產生的特殊空間就叫「磁場」，而鐵在這個空間中就會受到磁力作用。

然而，法拉第對自己的想法並不是很有自信。這與他沒有受到正式的高等教育，因此經常受到同業人士用批判的目光看待有很大的關係。但就在此時，馬克士威出現了。馬克士威在十四歲時，向愛丁堡皇家協會提交一本題目為『卵形線』的論文，不過由於內容太過高深，因此一開始所有人都不相信是他自己寫的，足見其驚人的數學天賦。所以，他才能順利把法拉第的「場」概念，整理為「馬克士威方程組」。

之後，「場」論更跨出電磁學，在量子力學中成為「量子場」，在宇宙學中成為「重力場」，成為討論現代物理學時不可或缺的概念。

讓我們用一個簡單的例子解釋一下「場」的概念。在磁石的周圍撒上鐵粉，鐵粉會從磁石的一端連到另一端，變成一個曲線。這裡的鐵粉也可以換成小型指南針。此時，磁針的方向會像是有人指揮一樣畫出一條弧線。這條弧線就叫磁力線。而在電荷的周圍也能用實驗畫出同樣的線，此時的弧線就叫電力線。

地圖上的等高線，可以用線的間隔密度還判斷地形的緩急。而磁力線和電力線也一樣，能在電的世界和磁的世界中，用來表示兩者的強弱。

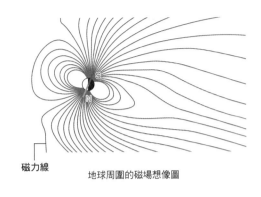

磁力線

地球周圍的磁場想像圖

(((外溢效應)))

當時有科學家指出，馬克士威方程組中被當成前提的光速，與運動定律有相違之處，因此認為方程式算出來的是一個近似解。然而，後來愛因斯坦（p.138）提出狹義相對論，證明了馬克士威才是正確的。於是人們了解到牛頓力學也有其侷限，使物理學世界走向了新的階段。

集馬克士威研究大成的著作『電磁場的動力學理論』。照片攝自金澤工業大學圖書中心藏書。

赫茲

海因里希・赫茲（1758 － 1894 年）／德國

出身於德國富裕家庭的物理學家，在柏林洪堡大學跟隨克西荷夫（1824 － 1887 年）和亥姆霍茲線圈命名由來的亥姆霍茲（1821 － 1894 年）等高中物理課耳熟能詳的物理學家學習。除電磁學外還從事氣象學、接觸應力等方面的研究。證實了電磁波的存在，名字是頻率（週波數）的單位赫茲〔Hz〕的由來。

在空間中傳播的「電磁波」真實存在

契機是馬克士威方程組

赫茲在大學學習的是實驗物理學，但畢業後一開始教的是數學。也因此得以重新從數學的角度認識馬克士威方程組。後來他重回實驗物理學後，有天偶然注意到其中一邊的線圈端子放電時，另一邊的線圈也冒出了火花。赫茲懷疑在這兩個遙遠的線圈之間傳遞的東西，就是馬克士威預言的電磁波。於是他從此開始認真研發能產生電磁波的裝置和接收器。

在實驗中確認了電磁波的存在

赫茲想出了一種天線，他在產生電磁波的那端安裝了兩顆大的蓄電球，並分別用一公尺長的導線連接到一個小球上當作電極，安裝在相隔幾公分遠的地方（圖1）。這是一個由萊頓瓶、導電線圈、以及開關等零件組成的迴路，交流電會在小球間週期性地施加高壓電，引起放電反應，輻射出頻率約60MHz以上的電磁波。

而另一邊的接收天線則是一個單匝線圈，導線的兩端有開口不相連，接收到電磁波時就會冒出火花，用放大鏡即可觀察到。

利用這個裝置，赫茲在1888年成功確認了電磁波的存在。

沒有意識到自己的發現之實用性

赫茲雖然為後代打開了無線通訊的大門，可是他自己卻從來沒意識到電磁波的實用價值。儘管一方面是因為當時仍存在技術上的困難，但赫茲在被問到自己的實驗對未來能有什麼貢獻時，他只回答自己的實驗證明了馬克士威是對的。

不過，後來很多人努力改良了赫茲發明的裝置。例如因為對無線通訊的貢獻而拿到諾貝爾獎

德國發行的赫茲郵票

的義大利工程師馬可尼（1874 － 1937 年）便是其一。

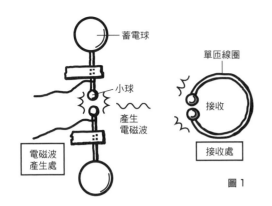

圖1

論常常在變動。但在馬克士威方程組和赫茲的實驗後，謎團終於被解開。於是我們也了解到過去一直被視為穩固不動的「地球」上觀測到的結果，原來並非永恆絕對，而是會受到地球本身的運動影響。

在宇宙空間傳播的電磁波

太陽和恆星發出的光會穿過宇宙空間來到地球上。在第6章「光之一（波的探究）」中也有提到，早期科學家曾就光究竟是波還是粒子有過一番爭論，而主張波動論的虎克（p.30）當時認為光在宇宙中是透過一種叫乙太的介質傳遞的。

19世紀前，科學家曾猜想過若乙太存在的話會有哪些性質，並以此解釋光在乙太中的傳遞方式，然而不論他們如何實驗，都始終無法找出乙太存在的證據。

而由於電磁光、光、光速、以及電磁波傳遞原理每過幾年就會出現新的發現，故而當時的主流理

(((外溢效應)))

由於電磁波可以到達有線電路難以到達的遠方，因此很快就被運用在通訊領域。換言之，赫茲的實驗打開了無線通訊的大門。而無線通訊後來更引發了資訊革命，發展出現代的網路社會。另外，因為電磁波可以傳到遙遠的宇宙深處，所以人們也得以待在地球上控制遠方的太空船，或取得太空船發回的觀測資料。同時，電磁波的發現也為愛因斯坦（p.138）發現狹義相對論埋下了伏筆。

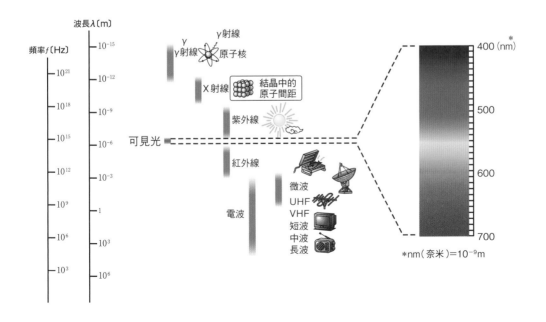

*nm（奈米）=10^{-9}m

什麼是電磁波？
從生活思考科學！

天線和遙控器發出的訊號、收音機和電話的電波、光通訊、灑落地表的太陽光、紫外線、來自遙遠宇宙的電磁波……這些肉眼看不見，卻深入我們生活的存在，全部統稱為電磁波。

電荷的移動和磁場

電力和磁力可以隔空作用，光線也能傳到遙遠的彼方。在現代，使用電波或光來交換資訊，已經變得非常理所當然。

當電流通過導線時會在周圍形成磁場。事實上，任何電荷只要一移動，就會在周圍產生磁場。

靜電的產生和生物體內的**離子**移動等，我們的身邊存在各種不同形式的電荷移動，而它們全都具有磁場。

上下兩頭都會發生電荷移動，同時也會產生微弱的磁場。

磁場對電荷的作用力

當磁場中有電荷移動時，會與電荷本身的磁場發生交互作用，使電荷受到與行進方向垂直的作用力。

磁場對運動電荷的作用力叫做**勞侖茲力**。

在磁石間擺入線圈通電，線圈便會受力而移

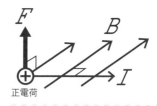

I：正電荷移動方向（負電荷的話則方向相反）
B：磁場的方向
F：勞侖茲力的方向

正電荷

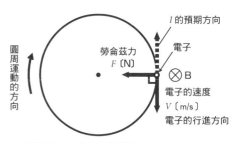

I 的預期方向
電子
勞侖茲力 F〔N〕
$\otimes B$
電子的速度 V〔m/s〕
電子的行進方向
圓周運動的方向

磁通密度 B〔T〕均勻的磁場
垂直加在與紙面平行的平面上

在均勻的磁場內移動的點電荷受到勞侖茲力作用時，會受到與行進方向垂直的 F 力，引發圓周運動。

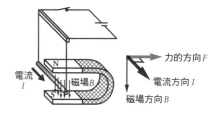

力的方向 F
電流方向 I
磁場方向 B
電流 I
磁場 B

對磁石旁邊的導線通電，導線之所以會受力移動，也是因為勞侖茲力。

動。在結構上稍微用點巧思,便能讓線圈在磁場中持續轉動。這就是**馬達**的原理。

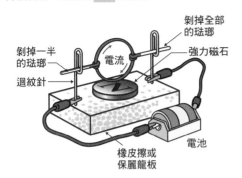

通電後圓環會旋轉

何謂電磁感應

在線圈中移動磁石,當導體附近的磁場發生變化,在那瞬間導體內的電荷會發生移動,產生電場。這個現象就叫**電磁感應**,而電磁感應產生之電場的電動勢則叫**感應電動勢**。此時若迴路是封閉的,電動勢便會產生電流,這就叫**感應電流**。

讓線圈在磁石中間**轉動**,又或是讓磁石在線圈中間轉動,使線圈周圍的磁場發生變化,線圈就會產生電動勢。這便是**發電**的原理。

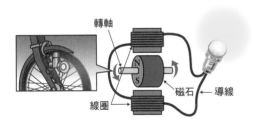

自行車的車燈是利用車輪的旋轉發電

以光速傳播的電磁波

如上所述,電力和磁力通常是成雙成對地作用,所以兩者又合稱**電磁力**。

電場的時間性變化會產生磁場變動。同樣磁場的時間性變化會產生電場變動。此時兩者的方向是互相**垂直**的。

當這個變化振動性地持續,電場和磁場的振動便會成對地一個接一個傳遞下去,變成電磁波,在空間中傳播。

電磁波在真空中也能傳播,但跟聲音(p.70)一樣具有**反射、折射、繞射、干涉、偏振**等波的性質。

已知電磁波的速度等於**光速**$c = 3 \times 10^8$〔m/s〕。

電磁波的種類和應用

電磁波有波長以公里為單位的長波,也有僅只 10^{-15} 公尺程度的極短波,種類相當廣泛。波長長的(**頻率***低)有長波、中波、短波等**電波**,而更短一點的有紅外線,然後是我們肉眼可見的**可見光**,在 400nm 至 650nm 之間;再往下則是紫外線、X射線、γ 射線。其中,波長在紅外線到紫外線之間的,一般被歸類為光。X射線和 γ 射線則被歸類為**輻射**。

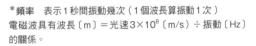

波長

*頻率　表示1秒間振動幾次(1個波長算振動1次)
電磁波具有波長〔m〕=光速3×10^8〔m/s〕÷振動〔Hz〕的關係。

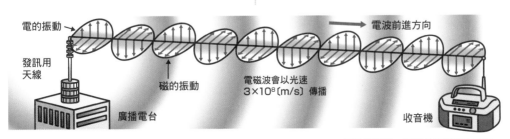

電波抵達後,天線會振動產生電流

電波是哪種電磁波？

使用電波需要許可

電波從長波長到短波長，包含非常多種類的電磁波。而在日本，電波法在應用面上對電波的種類有明確規範。首先，電波泛指頻率（週波數）在 $3T$（Tera $= 10^{12}$）Hz以下（波長1mm以上）的電磁波。

長波長的電波中，有的波長可達10萬公里到1000公里，主要用於水下船艦的通訊系統。其中波長100公里以下的屬於超極長波，10公里以下的屬於超長波，1公里以下的稱為長波，這幾種主要用於電波鐘和長波廣播上。

波長介於1公里～100公尺的屬於中波，100公尺～10公尺的稱為短波，兩種都大量用在廣播上。其中短波也用於業餘無線電或業務通訊。

大家可以想像一下學校運動會上的100公尺短跑。短波從波峰到波谷的週期差不多就這麼長。另一方面，波長1000公里以上，長波變化就和緩多了。

波長10公尺～1公尺的屬於超短波，這個數字就跟我們的身高差不多。這種波主要用在電視頻道，俗稱VHF頻段。

波長1公尺～100mm（＝10公分）的波循環一周的長度差不多等於直尺。它們被歸類為極超短波，日本的地面數位電視、手機、GPS、微波爐的波都屬於這類。100mm～10mm（＝1cm）之間的是公分波，主要用於無線區域網路、衛星電視、高速公路的ETC等。10mm～1mm的是毫米波，在電波天文台十分活躍。

諸如上述，電波被大量應用在各種場域。但電磁波可利用的波長範圍是有限制的，為了不讓任何一個頻段被浪費，也為了避免使用上發生問題，所以必須擁有執照才可以使用。在日本有無線電從業者執照，所有想使用電波的人都必須去申請，而要拿到執照則需接受國家考試。

不過，雖然手機的電波使用執照是由提供服務的通訊業者申請，電視則是由各頻道的電視台來負責，但因為他們已經取得法律的可許，所以身為個人的我們，在沒有執照的情況下也可以使用這類電波。

收音廣播　　電視　　BS（衛星廣播）

這三種廣播使用的波長都不一樣

年表❹
電磁學的發展與眾多科學家

希臘羅馬時代	約西元前10世紀	遊牧民族發現會吸鐵的石頭
	約西元前6世紀	希臘哲學家泰利斯（前625－前547年左右） 發現琥珀摩擦後可以吸附小物品，並提到天然磁石的存在。
	約西元前1世紀	羅馬哲學家盧克萊修（前95－前55年左右）描述磁石對鐵的作用力的原因。留下的詩篇後來發展為原子論。
	約77年	羅馬博物學家老普林尼（23－79年）在『博物誌』中提到磁石的神奇。

希臘的知識在 7 世紀前後傳入阿拉伯，於 11 世紀後慢慢重新傳回歐洲，並於文藝復興時代重新受到注目。

1267 － 68 年	羅傑・培根（1220 － 1292 年） 提倡實驗科學，引進最尖端的阿拉伯科學。
1600 年	**威廉・吉爾伯特**（1544 － 1603 年） 出版『論磁石』。
約 1663 年	奧托・馮・格里克（1602 － 1686 年） 1650 年真空實驗成功後，發明摩擦起電機，為往後的電力研究提供助力。支持哥白尼的地動說。
18 世紀中葉	可儲存靜電的萊頓瓶問世。
1752 年	約翰・米歇爾（1724 － 1793 年）與約翰・坎通（1718 － 1772 年）製造人工磁石，並出書介紹做法。
1752 年	班傑明・富蘭克林（1706 － 1790 年） 通過風箏把雷的電力儲存進萊頓瓶。
1767 年	約瑟夫・普利斯特里（1733 － 1804 年） 出版了綜覽電學歷史和靜電的書。
1776 年	平賀源內（1728 － 1780 年） 復原 Elekiter。
18 世紀後半	歐洲的沙龍流行靜電的示範實驗。
1785 － 1789 年	**夏爾・奧古斯丁・德・庫侖**（1736 － 1806 年） 陸續發表電力和磁力跟距離關係的論文。
	約翰・羅比遜（1739 － 1805 年）、弗朗茲・阿皮努斯（1724 － 1802 年）、亨利・卡文狄許（1731 － 1810 年）等人也獨立跟庫侖有了相同發現。
1791 年	路易吉・伽伐尼（1737 － 1798 年） 撰寫『電對肌肉運動效果的評論』。
1799 － 1804 年	亞歷山大・馮・洪保德（1769 － 1859 年） 在世界各地探險，發現各地的地磁強弱不同。
1800 年	**亞歷山德羅・伏打**（1745 － 1827 年） 發表伏打電池。
1807 年	**卡爾・弗里德里希・高斯**（1777 － 1855 年） 成為哥本哈根天文台台長。
19 世紀初期	江戶也舉行了靜電示範實驗「百人驚嚇」。
1820 年	漢斯・克里斯蒂安・厄斯特（1777 － 1851 年） 發現電流會影響磁針方向。
1820 年	**安德烈－馬里・安培**（1775 － 1836 年） 發表『關於兩電流的交互作用』。
1821 年	**麥可・法拉第**（1791 － 1867 年） 利用電流的磁力作用做出連續不斷的運動（馬達的原理）。
1827 年	**蓋歐格・西蒙・歐姆**（1787 － 1854 年） 發表歐姆定律。
1831 年	高斯 與威廉・韋伯共同發表電磁學著作。在書中提出磁力的定律和單位。
1831 年	**法拉第** 發表電磁感應定律。同一時期約瑟夫・亨利（1797 － 1878 年）也發現了電磁感應。
1837 年	有線電報機在英國實用化。
1864 年	**詹姆士・克拉克・馬克士威**（1831 － 1879 年） 在理論上提示電磁波的存在。
1879 年	湯瑪士・愛迪生（1847 － 1931 年） 發明白熾燈泡。電氣照明開始普及。
1885 年	志田林三郎（1856 － 1892 年） 進行以水面為導體的無線通訊實驗。
1888 年	**海因里希・魯道夫・赫茲**（1857 － 1894 年） 用實驗證實電磁波的存在。
1894 年	古列爾莫・馬可尼（1874 － 1937 年） 成功在實驗中用電波完成無線通訊。

即便狹窄，也有其深度。

—— 卡爾·弗里德里希·高斯
（1777 − 1855年）

當某事發生時，特別是新事物，一定要去思考「原因是什麼，為什麼會這樣？」。
然後早晚我們會找到答案。

—— 麥可·法拉第
（1791 − 1867年）

假使存在一個可以觀測並控制分子運動的惡魔，那麼它就能從沒有溫差的地方取出能量。

—— 詹姆士·克拉克·馬克士威
（1831 − 1879年）

11 原子的結構

J.J. 湯姆森
（1856 – 1940 年）

證明電子的存在

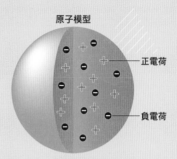

原子模型

正電荷

負電荷

湯姆森模型
（梅子布丁模型）

長岡半太郎
（1865 – 1950 年）

不為當時的常識所惑，著眼原子論，做出貢獻

半太郎模型
（土星模型）

拉塞福
（1871 – 1937 年）

將輻射研究投入應用，解開原子的構造

發想於西元前，花了兩千多年才解開謎團

如果把一個物體不斷分割下去，最後會變成怎麼樣呢？早在古希臘時期就有人問過這個問題。德謨克利特（前460 –前370 年左右）認為最後會剩下一個無法再分割的東西，並把這個終極粒子取名為原子。

羅馬哲學家盧克萊修（約西元前95 –前55年）就曾把繼承了德謨克利特的伊比鳩魯的哲學寫成長詩『物性論』。『物性論』零散的抄本在15世紀時，於一間修道院的閣樓被偶然發現，此後原子的概念才被伽桑狄為首的眾多科學家認識。然而在直到18世紀前，對於原子到底是真實的存在，還是只存在於想像中的物體，科學家始終爭論不休。這是因為原子實在太小，小到沒法被肉眼看見。而為這個爭論投出終結契機的人，是植物學家布朗。布朗對後世的科學家留下一個關於水中微粒子運動的謎題。

進入20世紀後，愛因斯坦（p.138）認為水中的微粒數量在重力影響下，應該大多沉澱在容器的底部，愈往上愈少。1908年，法國的尚・巴蒂斯特・佩蘭（1870 – 1942 年）計算了各高度的微粒數量，將此數量和其他實驗得到的結果帶入愛因斯坦的理論方程式，然後終於計算出水的粒子——也就是分子的大小。經由這件事，科學家才確定水分子是真實存在的。

接下來就是一連串驚人的發展。從 **J.J. 湯姆森**的研究中，發現原子其實不是最小的終極粒子。對於原子內部的結構，湯姆森和日本物理學家**長岡半太郎**想了截然不同的兩種模型。最後湯姆森的學生**拉塞福**藉由精確的實驗，諷刺地發現半太郎模型比自己的老師湯姆森設想的模型更加正確。

J.J. 湯姆森

約瑟夫・約翰・湯姆森（1856 － 1940 年）／英國

生於曼徹斯特，畢業於劍橋大學三一學院。二十八歲時就任阿文狄許研究所實驗物理學教授，培育了許多優秀學生，貢獻良多。自己雖然沒有得過獎，但卻教出了八名獲得諾貝爾獎的學生，拉塞福也是其中之一。1915 年至 1920 年間擔任皇家學會會長。

證明電子的存在

陰極射線的真面目正是電子

湯姆森最大的成就，就是證明了**電子**的存在。在倫琴剛發現**X射線**的時候，科學界曾對真空中從陰極射向陽極的**陰極射線**到底是什麼而爭論不休。於是湯姆森做了一個如圖1的裝置，對陰極射線的流動路徑施加電場，從陰極射線的彎曲現象，

證明了陰極射線是一種帶負**電荷**的微小粒子的流動。除此之外，他還嘗試了分別施加**電場**和**磁場**（p.92），測量陰極射線的彎曲幅度，求出該粒子的電荷與質量的比例（**質荷比**），而這種粒子後來被命名為「電子」。湯姆森用了鋁、鉛、錫、銅、鐵等各種金屬當陰極，但產生的電子性質全都相同。

人格魅力吸引了眾多科學家

湯姆森的兒子喬治・佩吉特・湯姆森（J.P.湯姆森）也是一位物理學家，並在1937年因發現電子繞射而得到諾貝爾獎。根據J.P.湯姆森為父親所寫的傳記，湯姆森是一位非常「有人性」的學者。他會出於強烈的野心和直覺而行動，也會被先入為主的觀念侷限和迷惑，並非大多數人想像中，講究邏輯和理性行動的科學家。

然而，他的人品卻吸引了許多學者，使他領導的卡文迪許實驗室在當時成為物理學的聖地。

研究所的大門上刻著由初代所長馬克士威所選的舊約聖經之一節。

卡文迪許實驗室1898年的研究生。前排中央盤著手的人就是湯姆森。

「耶和華的作為本為大，凡喜愛的都必考察。」

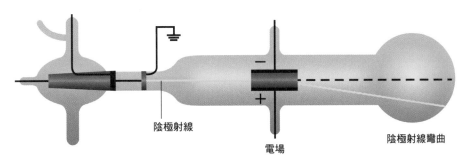

陰極射線

電場

陰極射線彎曲

圖 1　湯姆森的實驗裝置

電子是比原子更小的粒子

　　此外，湯姆森測量了電子的電荷，發現它跟氫離子的電荷幾乎相同，因此從氫離子的質量和電子質荷比，算出電子的質量大約等於氫原子的1/1800。根據這個結果，電子很明顯是所有原子都有的粒子。於是科學家開始猜想，原本大家以為是最小粒子的原子，會不會是由電子跟其他未知的結構所組成的，並開始針對原子的結構展開熱烈討論。

實驗中的湯姆森

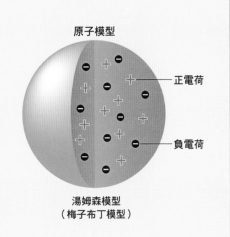

(((外溢效應)))

　　湯姆森在1904年發表的原子模型，被稱為梅子布丁模型、葡萄乾蛋糕模型或西瓜模型。因為這個模型中的正電荷均勻地散布在整個原子中，然後中間點綴著電子。因為原子原本是電中性的，所以正電荷的量和帶負電的電子總電荷量應該相同。

　　換言之紅色的布丁部分是正電荷，而中間的果乾則是電子。梅子布丁是一種英國甜點，是中間夾有梅子或葡萄乾的英式布丁。

原子模型

正電荷

負電荷

湯姆森模型
（梅子布丁模型）

長岡半太郎

長岡半太郎（1865 － 1950 年）／日本

出生於長崎縣大村藩藩士家，受到在明治政府擔任官員且去歐美考察過的父親影響，於1893年時赴德留學三年。留學期間對英國的馬克士威和奧地利的波茲曼，以原子和分子存在為前提的理論產生興趣，開始學習原子論的論文。歸國後成為東京大學的教授，培育了眾多科學家。

不為當時的常識所惑，著眼原子論，做出貢獻

想出土星模型

1904年，長岡提出與J.J.湯姆森的梅子布丁模型截然不同的原子模型。長岡認為，原子的結構並非如梅子布丁模型描述般，是正電荷和負電荷混在一起的狀態。同時，他從馬克士威與土星環穩定理論有關的論文獲得靈感，提出正電荷集中在中心，電子像土星環一樣環繞在周圍的「土星模型」。諷刺的是，在七年後的1911年，正是湯姆森的學生拉塞福，證實了實際的原子結構應該是土星模型，而非梅子布丁模型。

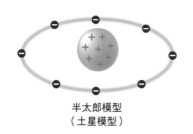

半太郎模型
（土星模型）

實際上，法國的佩蘭在1901年發表的論文中，就已經提出了電子應該是像行星繞著太陽公轉一樣，繞著中心的正電荷旋轉的「原子核—行星結構」模型。不過論文中提到的幾乎都是主觀的議論，且這個模型完全沒有提及力學和電磁學上的穩定性。

一般推測長岡在當時應該並未看過佩蘭的論文。換言之，他是完全靠一己之力想出土星模型的。不僅如此，長岡當時還明確解釋了原子頻譜的

核輻射現象，後來甚至還提到了凡得瓦力。

驗證了土星模型正確性的拉塞福和長岡之間曾有幾次交流。長岡在1910年曾訪問過曼徹斯特大學，回國後還寫了一封長達十四頁的信給拉塞福。

長岡將發現 X 射線的新聞帶回日本

長岡在留學期間，為了學習原子論，從原本就讀的柏林大學轉學到慕尼黑大學。後來他回到柏林大學時，一聽說倫琴（p.128）發現X射線的消

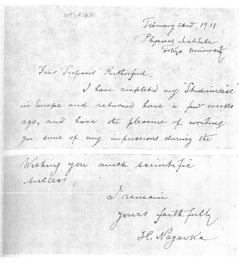

長岡在1911年2月22日寫給拉塞福的信之開頭（上）與結尾（下）

息，就立刻將這則新聞發回日本。在長岡回國後，貝克勒、居禮夫婦、拉塞福便陸續發表他們的研究成果，而長岡也逐一將這些成果介紹給日本國內的雜誌。

花絮

活用留學經驗，提攜眾多後進

　　長岡因為父親工作的緣故，在十歲時進入東京的湯島小學就讀，不過因為排斥學校填鴨式的教育，很快就被退學。之後他又先後進入東京英語學校（東京大學預備科）、大阪英語學校等校，最後考進東京大學理學部。

　　長岡在學校曾隨一位英國人老師C.G.諾特，到日本全國進行磁場的測量，在研究生涯中第一個研究的是就是「磁致伸縮效應」。這項研究後來被本多光太郎繼承，確立了磁學在日本物理學界的重要地位。

　　在長岡留學期間，提出了「能量守恆定律」的亥姆霍茲（1821－1894年）、音響學權威的昆特（1839－1894年）、以及普朗克都剛好待在柏林大學。普朗克後來成為量子力學的先驅，但在長岡於柏林留學的時候，普朗克對原子世界還沒有什麼興趣。因為他認為，假設眼睛這世上存在看不見的原子或分子，非常不符合自然科學的精神。與此相反地，長岡則更關注原子論能夠明確解釋「波以耳－查理定律」等現實存在的氣體現象這個事實。因此，長岡後來從柏林大學轉學到波茲曼所在的慕尼黑大學，學習完原子論後，才又轉回柏林大學，最後回國進入東京大學任教。

　　長岡培育了本多光太郎、石原純、寺田寅彥、仁科芳雄等許多物理學家，還當上大阪大學的首任校長。他對當時就讀大阪大學的湯川秀樹極為讚賞，並向諾貝爾獎委員會推薦他。

昭和12年4月，長岡（最右側）獲頒第一屆文化勳章。圖為其受獎後拍的紀念照（照片由右起依序是長岡半太郎、本多光太郎、木村榮、岡田三郎助、幸田露伴、佐佐木信綱、竹內栖鳳、橫山大觀）。照片由朝日新聞提供。

11

原子的結構

拉塞福

歐尼斯特・拉塞福（1871 － 1937 年）／英國

生於當時屬於英國殖民地的紐西蘭。在卡文迪許實驗室的J.J.湯姆森門下研究X射線的電離作用，後在加拿大大學就職，將研究焦點轉移到輻射上。發現了 α 射線和 β 射線，且成功用 α 射線解開了原子的構造。

將輻射研究投入應用，解開原子的構造

拉塞福散射

拉塞福發現了放射線中的 α 射線（p.134）就是氦離子，也就是一種粒子。然後在1911年，他用 α 射線的粒子射向金箔，發現有極少數的 α 粒子沒有直接穿過金箔，而是大幅拐彎。這個現象稱為拉塞福散射。

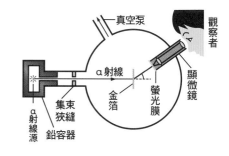

拉塞福的實驗裝置

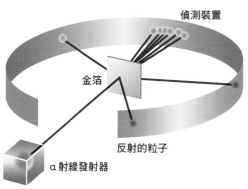

拉塞福的實驗概觀

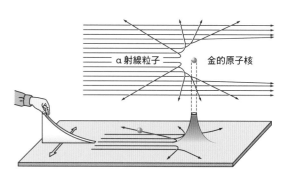

α 粒子的散射模型

原子核只有原子的萬分之一

拉塞福認為，原子的中心存在一個 α 粒子無法穿過的核心，且該核心帶的是正電荷。不僅如此，他還根據 α 射線散射的情況推測了原子核的大小，算出其直徑只有原子的萬分之一。就這樣，拉塞福證明了原子的模型應該是像長岡半太郎主張的土星型。

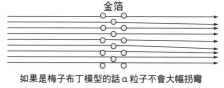

如果是梅子布丁模型的話 α 粒子不會大幅拐彎

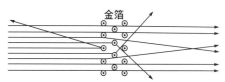

實驗結果令人不禁想像，原子的中心應該存在一個微小的原子核

繼續解開原子核的構造

將 α 射線的粒子彈開的原子中心部分，後來被稱為<u>原子核</u>。此外，氫元素的原子核帶正電，被稱為<u>質子</u>。換言之，氫原子是一個電子圍繞著一個質子旋轉的結構。由於原子本來是電中性的，因此可推斷其他元素原子核中的質子數量，應該也跟其原子的電子數相同。

然而，這樣一來質量就不對了。舉例來說，氦原子具有兩個質子，那麼它的電子也應該是兩個。因為電子質量非常輕，所以原子的質量幾乎就等於質子的質量。換句話說，氦原子的質量應該是氫原子的兩倍才對。然而現實中氦原子質量卻是四倍。

1932年，拉塞福的一位學生詹姆士·查兒克（1891－1974年）根據瑪麗·居禮的女兒——伊雷娜·約里奧－居禮夫婦的實驗結果，確信原子核內還存在一種電中性的粒子，且算出它的質量與質子相等。這種粒子被命名為<u>中子</u>，而查兒克也因發現中子，而在1935年拿到諾貝爾物理學獎。

就這樣，人們總算弄明白原子核是由質子和中子所構成。

(((**外溢效應**)))

拉塞福後來接任J.J.湯姆森成為卡文迪許實驗室的所長，並延續了前任所長的作風，積極培育自己的學生。他的學生之一的威爾遜，研發出在密封的箱子中裝滿氣體酒精，可以藉此看出放射線軌跡的「雲室」。另外，發現中子的查兒克，也是拉塞福的學生。

堅持研究物理學的拉塞福，最後卻獲得了諾貝爾化學獎

拉塞福對於自己過去被化學家欺壓的事一直耿耿於懷，曾發表過許多「化學家都是無可救藥的傻瓜」、「所有的科學不是物理，就是集郵」等的激進言論。然而，1908年，拉塞福發現具有輻射性的物質，會透過釋放輻射轉變成其他物質，因此拿到了諾貝爾化學獎。這只能說是上帝的惡作劇。而他本人在領獎時這麼告訴眾人：

「我這一生接觸過非常多種類的變化，不過最令我驚訝的，是我從一名物理學家變成了化學家。」

儘管只限一代，但拉塞福卻因其貢獻而被冊封為男爵。他的貴族紋章上畫著一個表示輻射能變化的圖，以及紐西蘭的毛利族戰士。

英國曼徹斯特大學內的拉塞福紀念牌

解開原子結構之謎的
契機是花粉

 第11章（p.117）開頭提到的植物學家布朗，究竟是如何找到證明原子存在之契機的呢？這裡我們稍微深入介紹一下。

花粉中的微粒會在水中移動

1827年，布朗在用顯微鏡觀察花粉浸泡在水中破裂釋出的微粒子形狀時，發現這些微粒子竟然會到處跑來跑去。由於植物原本就有生命，因此他本以為這些微粒子也是生物，但他又忽然靈光一閃，從死去超過百年的標本中採出花粉，放到顯微鏡下看。結果，居然還是會動。接著布朗又依序看了一下石炭的煤、石頭、玻璃的粉末等等，發現它們居然全都會在水中游動。布朗懷疑這是因水的流動或蒸發，又或者是因微粒子間的作用力等所導致，但實驗結果卻顯示以上都不是原因。

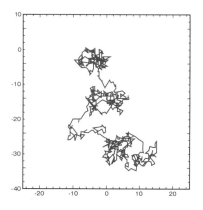

布朗運動的電腦模擬

此現象被取名為布朗運動

後來，這個被布朗發現的微粒運動被取名為**布朗運動**，且很長一段時間始終沒人找得出原因。

1873年，德國的克里斯蒂安‧維納發表了水分子運動理論；然後1877年，法國的德爾索（Delsaux）則提出「在顯微鏡下看到的微粒子會動，是因為有看不見的水分子在碰撞微粒子」之解釋。

對布朗運動的這個解釋，使水分子確實存在的想法如p.117所述，往前邁進了一大步。

布朗運動是我們身邊隨處可見，而且可以簡單觀察到的現象。在水中滴入墨水、牛奶、或是清潔地板用的蠟，就會發現這些物質的微粒因水分子的布朗運動作用而緩緩擴散。不僅如此，水分子是由兩個氫原子和一個氧原子組成這件事，也讓科學家往解開原子結構之謎邁進了一大步。

幫助新物理學分野的發展

以布朗為契機之原子結構的發現，最終開創出了輻射學、量子力學、粒子物理學等新的物理學分野。不僅如此，科學家還發現位於原子中心的原子核並非恆常不變，而是會自然而然地衰變，並且在衰變時射出的碎片就是輻射的真面目。此外，**原子核的衰變**還能以人工方式誘發。原子核衰變時會產生巨大的能量，而這股能量在今天則以「核能」的

名字為人所知。

然後，科學家更發現連組成原子核的質子、中子都不是最小的終極粒子，而是各由三個夸克組成的。

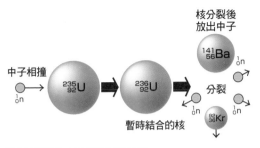

用中子撞擊鈾 235 引發的核分裂

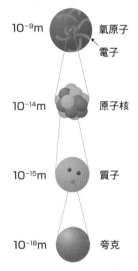

原子到夸克的大小比較

▌盧克萊修的長詩『物性論』

一如在本章開頭（p.117）提到的，盧克萊修的詩對原子論的發展扮演著相當重要的角色。這裡我們就稍微介紹一下這到底是什麼樣的一首詩。據說這篇長詩，是盧克萊修在讀完繼承了德模克利特原子論的伊比鳩魯之思想後，深受感動而寫下的。

（譯文）當人的生命在眾目睽睽之下癱在地上，卑汙可憎，被宗教沉重的包袱壓垮。

宗教從天庭露出它的鬼臉，俯視人寰，第一個敢於抬起凡眼冒犯它的，第一個挺身而出反抗它的，是一個希臘人。

他沒有被眾神的神話嚇倒，也沒有被霹靂或天公的怒吼震懾。

這一切反而更加刺激他熱忱的靈魂，渴望第一個砍斷自然大門的門杠，並將門一把推開。

於是他活躍的心智戰勝了，他便一鼓作氣，奮勇向前，遠離了世界的火焰壁壘，並在內心裡遊遍了無極，他從那裡凱旋，帶回了這樣的報告：什麼能有，什麼不能有，每一物力量如何有限，以及深栽著的界碑。

因此宗教反過來被扔到人的腳下，遭到踩踏，他的勝利使我們與天公不分高下。

（『物性論』蒲隆 譯，南京：譯林出版社，2012 年）

打開核能的大門

原子核有時會衰變

拉塞福後來研究發現原子核也不是普遍恆常的東西，有時候會發生衰變。於是科學家投入原子核衰變的研究，在這個過程中，發現原子核是由質子和中子兩種粒子組成的（參照12章「輻射」），且發現質子和中子因核力緊緊結合時的質量，跟單純的質子質量×質子數＋中子質量×中子數並不相等。

然後套用了愛因斯坦相對論中有名的 方程式後，科學家才知道，原來衰變過程中消失的質量轉換成了能量。而像鈾這種大質量的原子核分裂時，產生的能量更是十分巨大。例如一公斤的鈾若全部發生核分裂，產生的能量就相當於燃燒兩百萬公斤（兩千噸）的石油。

質量缺陷的例子

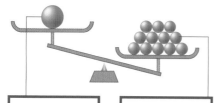

碳原子核是由六個質子和六個中子結合而成

分散的六個質子和六個中子

碳原子的質量
12.00000amu ①

組成碳原子的電子、質子、中子質量合計為
12.09894amu ②

①和②的差值就是質量缺陷，也就是 0.09894amu，能量等於 92.1MeV。

$$1amu = 1.66 \times 10^{-27} kg$$
$$1MeV = 1.60 \times 10^{-13} J$$

曼哈頓計畫與愛因斯坦的信

被稱為曼哈頓計畫之二戰中的美國原子彈開發計畫，據說是愛因斯坦擔心德國會搶先一步製造出原子彈，親筆寫信給當時的美國總統羅斯福後才立案的。然而實際的故事並沒有那麼簡單，當中其實交雜了政治家、軍方、科學家的各方意見，可謂是一團混亂。而且那封關鍵的親筆信也不是愛因斯坦所寫，愛因斯坦只是在信上聯署簽了名，實際執筆的是西拉德等其他科學家。故事的主角愛因斯坦本人反而跟曼哈頓計畫沒有半點關係。

參加曼哈頓計畫的科學家領導者是奧本海默，團隊成員中有在本書登場如康普頓、費米、波耳，更從英國邀請了發現中子的查兌克。當時還在寫博士論文的費曼，也以年輕科學家領導的身分參與其中。

曼哈頓計畫超乎預期的巨大成果，使許多科學家不得不開始反省自身研究所承擔的社會責任。

曼哈頓計畫的軍方司令寫給參謀總長馬歇爾的信。日期是長崎原子彈剛投下後的 1945 年 8 月 10 日。圖為美國華盛頓國家檔案館寄給廣島市的極密文件副本。照片由朝日新聞社提供。

12 輻射

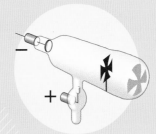
克魯克斯管

○── 倫琴
（1845 － 1923 年）

發現 X 射線，對人類貢獻巨大

○── 貝克勒
（1852 － 1908 年）

機緣巧合下首次觀測到天然輻射

○── 瑪莉・居禮
（1867 － 1934 年）

「輻射能」一詞的母親

陶醉在玻璃管中的科學家

18 世紀以牛頓為首的科學家所埋下的科學種子，在進入 19 世紀後如春暖花開般一口氣綻放。然而在那個時代，這些人人尊敬的科學家最熱衷的，竟然是一支抽掉空氣的小小玻璃管。早在 1709 年，豪克斯比就在觀察紀錄中提到，用該時代性能還不怎麼好的幫浦抽掉玻璃管中的空氣後，當玻璃管內或旁邊產生靜電時，管中就會神奇地發光。1855 年，德國的蓋斯勒發明了可把玻璃管中的氣壓降至一萬分之一的強力真空泵，然後在管內充入各種不同氣體，施予高壓電，發現不同的氣體種類和壓力竟會發出各種不同顏色的光芒。這就是今天我們所知的霓虹燈和日光燈。隨後，科學家在蓋斯勒的真空管（蓋斯勒管）上又有了各式各樣的發現。

1875 年，克魯克斯設計了一種彎曲版的蓋斯勒管（克魯克斯管）。他發現在克魯克斯管中，只

有接電源負極的陰極才會發光，因此推斷電的流向是從負極流向正極。戈爾德斯坦將這個電流命名為陰極射線。另外，克魯克斯還從在電的流動路徑上，放置可以阻擋電流的十字形金屬板，由此得知陰極射線是直線前進的。同時她還發現磁石可以改變陰極射線的方向。

就在大家一窩蜂研究和開發放電管的熱潮中，**倫琴**成為人類史上第一個邂逅 X 射線的人。而在倫琴這項發現的刺激下，**貝克**成為人類史上第一個觀測到天然輻射的人，**瑪麗・居禮**發現了新的放射性物質。而本章將介紹這三個人的偉大功績，並向各位傳達總是被人莫名恐懼的輻射之正確知識。

倫琴

威廉・康拉德・倫琴（1845 – 1923年）／德國

生於普魯士王國（現在的德國），父親是一位紡織工廠的老闆，家庭相當富裕。就讀蘇黎世聯邦理工學院，聽了克勞修斯的課後逐漸對物理產生興趣。先後歷任吉森大學、符茲堡大學教授，1894年被選為該校校長。同時也是在符茲堡大學任教時，發現了X射線這個歷史性發現。

發現X射線，對人類貢獻巨大

X射線的發現，開啟了輻射研究的大門

現代人為了檢查創傷、診斷和預防疾病，幾乎大家都照過X光。其實，X光又叫倫琴射線，知道這點的人或許並不多吧。

1895年11月8日，這天倫琴用克魯克斯管，在一個以黑色厚紙包覆的暗房內做實驗，忽地發現一公尺外的桌子上有個東西在發光。仔細一看，發光的竟是「氰亞鉑酸鋇」。倫琴推測是某種未知的存在從克魯克斯管中射出，打中了「氰亞鉑酸鋇」才使其發光，並將這個存在取名為**X射線**。後來人們知道X射線是輻射的一種。X射線的發現，開啟了對輻射的研究。另外，據說用字母X來表示未知事物的傳統，最早起源自笛卡兒。

幾乎找出了X射線的所有性質

倫琴自那天後花了七週時間做實驗，幾乎摸索出了所有今日已知的X射線之性質。然後他在1895年12月28日，將實驗成果整理為一篇題名為『一種新的X射線』的論文，提交給物理醫學協會。論文中詳細報告了包含X射線的產生方法、直進性、會因磁石而偏折、可使感光乾板感光、以及可穿透各種物質的能力等等性質。

(((外溢效應)))

1896年新年，發現X射線的新聞傳遍了全世界。這件事甚至連當時的通俗雜誌都有報導。倫琴第一時間將實驗報告交給醫學協會而非物理學會，是因他認為這項發現很快就能應用在醫學之中。實際上，在X射線被發現後兩個月，這項技術便在維也納被用於外科手術中。

儘管倫琴對物理學和醫學都有巨大的貢獻，但他卻沒有去申請任何一項與X射線有關的專利。不僅如此，他甚至還拒絕了王室冊封的貴族頭銜。美國發明大王湯瑪士・愛迪生（1847 – 1931年）曾敬佩地稱讚倫琴「他的發現無論對科學界、醫學界、以及產業界都是無價之寶，但他卻沒有從中謀取半分利益」。

倫琴後來因第一次世界大戰後德國的惡性通膨而窮困潦倒，在貧病交加下去世。至死都沒有改變那令愛迪生敬佩的人格。

而倫琴也因為發現X射線的成就，拿到了第一屆諾貝爾物理學獎的殊榮。

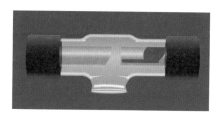

X射線產生裝置，X射線管

頒給倫琴的諾貝爾獎獎狀

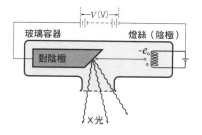

用高壓電使從燈絲釋放的電子加速，電子撞上對陰極時失去動能，會轉換成連續X光的能量

把妻子嚇得花容失色的X光照片

1895年12月22日，倫琴邀請妻子貝爾塔到他的實驗室，為她拍了一張非常有名的照片。當時他因為長期埋頭在X射線的研究中，常常連飯都忘記吃，讓貝爾塔相當擔心，所以倫琴才想以此方式彌補妻子。然而，與倫琴的預料相反，貝爾塔在看到自己手骨的X光照片後卻大驚失色，以為自己是不是快要死掉了。

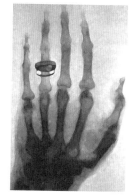

倫琴為妻子拍的X光照片的復原畫

發現後三個月，日本也展開驗證實驗

發現X射線的新聞，也在當時正好於德國留學的長岡半太郎的書信介紹下傳入幾千公里外的日本。而日本科學界立刻在三個月後展開驗證實驗。

1896年10月10日，第二代島津源藏成功拍攝了X光照片。翌年，日本開始生產販賣教育用的X光機，並在1909年由千葉縣的一家醫院，引進日本第一台國產的醫療用X光機。

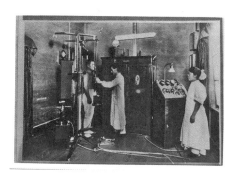

1920年代用X光機進行診察的景象。照片由島津製作所 創業紀念資料館提供。

貝克勒

安東尼・亨利・貝克勒（1852 － 1908年）／法國

生於法國，在巴黎綜合理工學院學習自然科學，並在法國國立橋樑與公路學校學過工程學。在發現X射線後，科學界陸續傳出許多可疑的「大發現」，讓包含倫琴在內的科學家都感到不勝其擾，但唯有貝克勒對輻射的研究報告獲得了科學界的信任。因為他的家族是個傳承了三代的有名科學世家。而貝克勒也和居禮夫婦在同年拿到諾貝爾獎。

機緣巧合下首次觀測到天然輻射

即使收進抽屜也會放出X射線

貝克勒得知發現X射線的新聞後，懷疑X射線會不會跟螢光和磷光存在什麼關係，找了許多會放出螢光或磷光的物質放在太陽下曬，然後用儀器檢測看看它們會不會放出X光。他用來判斷有無X射線的方法跟倫琴相同，就是使用感光乾板來感光。

貝克勒認為檢測X光需要日光的假說其實是錯誤的。預定進行實驗的那天，因為剛好天氣時陰時晴，讓貝克勒意識到了自己的錯誤。那天因為陽光不佳，沒法進行實驗，貝克勒便把準備好的磷光物質鈾化合物和感光乾板先收進抽屜。結果之後幾天太陽還是沒露臉，貝克勒只好把實驗品繼續收著。後來他沖洗底片時，本以為鈾化合物沒曬到太陽，磷光強度應該很弱，影像會很模糊，沒想到卻拍到很清楚的影像。貝克勒因此確信這個作用即使在昏暗無光的地方也會發生。這是1896年3月1日發生的事。

發現天然輻射

然後貝克勒發現，所有的鈾化合物和金屬鈾本身都不需要照射日光，便能發出某種神祕的光線使感光乾板感光。且這跟該物質是不是磷光物質毫無關係。而此繼X射線後的第二種神祕光線，後來依照發現者的名字被命名為**貝克線**。之後又發現，貝克線的強度在－190℃至200℃之間時不受溫度影響，且與X射線一樣具有電離作用。

然而，貝克線與X射線有個非常重要的差別。那就是不同於X射線，貝克線不需要陰極射線管。另外，貝克線的輻射也無法阻止。貝克進一步發現，當初實驗時用的鈾及其化合物，在過了三年之後仍會自然地持續釋放貝克線。就這樣，人類史上第一次確認了**天然輻射**的存在。

貝克勒在五十五歲時便早早過世。後來瑪麗・居禮也同樣被認為死於輻射汙染。

記錄了貝克勒對輻射能研究成果的『對物質新性質的研究』。照片攝自金澤工業大學圖書中心藏書。

含有鈾元素的岩石（研磨過的）表面，利用反射光拍攝的照片。

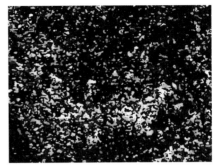
將同一塊岩石直接放在底片上，裝入不透光的容器內放置約五十小時後洗出來的照片。上圖中的白色部分，就是左圖岩石表面中含有放射物質的部分。

(((**外溢效應**)))

由於X射線可以應用在醫學領域，因此發現後引起很高的關注；相反地，關注貝克線的學者卻很少，在論文發表後只有包含貝克勒自己在內的寥寥幾人。貝克勒在巴黎的同事之一，便是瑪麗‧居禮的丈夫皮耶‧居禮（1859 － 1906年）。居禮夫人在尋找博士論文的題目時，注意到了貝克勒的論文，並深感興趣，因此決定研究貝克線。而她的研究成果就如p.132所述。由於貝克勒深深影響了居禮夫婦以及跟隨他們腳步的學者，於是科學界後來以貝克勒的名字當成輻射能的單位。

● **輻射能和輻射的單位**

輻射能的強度是貝克勒	（一秒間衰變的原子數。若每秒衰變1個原子，就是1貝克勒。）
輻射量	① 計算總共吸收了多少輻射（輻射吸收量）的單位是戈雷。 （表示物質吸收了多少輻射能的量。若一公斤的物質吸收1焦耳，就是1哥雷。） ② 用來計算「對人體影響程度」（輻射量）的單位是西弗。 （輻射對生物的影響，會因輻射的種類和性質而異。） X射線、貝克線、γ射線：1戈雷＝1西弗 α射線、中子輻射：1戈雷＝5～10西弗

西弗[*]
（對人體的影響）　　　貝克勒
（輻射能的強度）　　　戈雷[**]
（物質的吸收量）

＊源自羅爾夫‧馬克西米利安‧西弗（1896 － 1966年／瑞典），紀念其在輻射防護領域的貢獻。
＊＊源自路易斯‧哈羅德‧戈雷（1905 － 1965年／英國），紀念其在放射生物學上的貢獻。

瑪莉・居禮

瑪麗亞・斯克沃多夫斯卡－居禮（1867 － 1934 年）／波蘭

出生於俄羅斯占領下的波蘭領地華沙，是六個小孩中的么女，自幼便生活艱困，長大後前往巴黎留學，認識了皮耶・居禮並與其結婚。與皮耶一同發現了鐳和釙這兩種放射性元素，並在丈夫過世後繼續研究，曾兩度獲頒諾貝爾獎。同時還是巴黎大學首位女性教授。

「輻射能」一詞的母親

運用其夫皮耶的驗電器得到的重大發現

瑪麗在科學領域最初的成就，是發現釷元素及其化合物也會釋放與貝克線類似的輻射。瑪麗用丈夫皮耶製作的儀器，測量貝克線電離空氣時產生的微弱電流，由此有了這項大發現。

這個發現讓科學家認識到會放出輻射並非鈾獨有的特性，是非常重要的成果。因為鈾和釷在當時都是最重的元素，因此科學家推斷，重元素具有某種跟輕元素不一樣的性質。在今天，科學家已經知道所有比鉛重的元素原子核都會自然衰變，放出輻射。釋放輻射的能力被稱為**放射性**，而這個單字就是由瑪麗本人創造的。

不僅如此，瑪麗和皮耶還發現釷化合物的輻射量，與化合物中釷元素的含量成正比，而跟物理條件和化合狀態無關。兩人認為，鈾和釷的輻射量都來自它們的原子。

發現釙和鐳

後來，瑪麗檢查了皮耶的學校裡所有的礦物樣本，發現瀝青鈾礦的放射性竟然是純鈾礦的四至五倍。兩人推測瀝青鈾礦中可能還含有另一種放射性比鈾更強的未知物質。為了驗證這個想法，兩人做了以下的實驗。

他們用化學方式分離瀝青鈾礦，然後丟掉沒有

不在象牙塔中做研究，拯救了眾多生命的瑪麗

關於居禮夫人瑪麗有個很有名的故事，就是她在第一次世界大戰期間，曾親自開著載有Ｘ光機的車，在街上到處運送負傷者。瑪麗於1903年拿到諾貝爾物理學獎，又在1911年拿到諾貝爾化學獎。她是首位獲得諾貝爾獎的女性，也是首位拿到兩次諾貝爾獎的名人。

駕駛載有Ｘ光機汽車的瑪麗

放射性的部分，繼續分離有放射性的部分，並不斷重複這個步驟。最後，他們終於在1898年發現了兩種新元素。

瑪麗用自己祖國的名字為他們第一個發現的元素命名，取名為釙。釙的放射性大約是鈾的四百倍。

而發現釙的六個月後發現的第二個新元素則被命名為鐳。這個名字源自法語的「放射物」，因為他們測到的鐳的放射性足足有鈾的九百倍。隨後他們又花了四年的時間，從八噸的瀝青鈾礦中提取出十分之一克的氯化鐳。最終確定鐳的放射性其實是鈾的一百萬倍。

下面，我們要繼續聊聊居禮夫婦過世後，科學家對原子核和輻射的新發現。

原子核是由質子和中子組成

如同在「原子的結構」中說過的，科學家發現原子的結構是原子核的周圍繞著電子。不僅如此，在查兌克發現中子後，更知道原子核是由質子和中子兩種粒子組成的。

氫元素的原子核正常只有一個質子。氦元素則有兩個質子和兩個中子，碳元素有六個質子和六個中子。質子的數量會決定該原子的化學性質。而有些元素的原子質子數相同，但中子數不同。這種物質叫做同位素。為了區分同位素，通常會在元素名後面加上質子和中子的總數，例如鈾235、鈾238。

	鈾234	鈾235	鈾238
模型圖			
質子數	92	92	92
中子數	142	143	146
自然界存在比例	0.0057%	約0.72%	約99.28%

輻射的真面目是原子的碎片

原子核是由帶正電的質子，加上電中性的中子組成的，它們之間吸附力必須大於電力。這個力叫做核力。核力非常強大，但原子核愈大，也就是質子和中子的數量愈多，核力就愈沒辦法到達原子核的邊緣，使質子和中子自然地脫落。而原子核脫落的碎片就是輻射的真面目。

已知原子核容易缺損與否的分界值是質子數82。質子數82的鉛元素原子核都還很穩定，但到83以上原子核便會開始變得不穩定。

釋放輻射的能力稱為放射性，而具有放射性的物質稱為放射性物質。此外同位素的原子核很多也都比較不穩定。例如質子和中子數都是六的碳元素原子核非常穩定，但中子有八個的碳原子核卻很不穩定，會釋放輻射，故可用於年代測定。

一秒間會有一個原子核衰變的物質，其放射性活度就是1貝克勒〔Bq〕。一公克的鐳一秒內會有370億個原子的原子核發生衰變，所以其放射性活度是370億Bq。

(((外溢效應)))

瑪麗・居禮開啟了輻射和形成輻射之主因的原子核衰變之研究。同時，她也是一位知名的女性科學家先驅，是許多後代科學家努力的目標。

輻射很可怕嗎？
從頭開始認識輻射

聽到「輻射」這兩個字，幾乎大多數人都會有種莫名的恐懼。明治時代的物理學家寺田寅彥說過「要對一件事真正感到恐懼是一件很困難的事」。這裡，我們就具體介紹一下輻射的故事。

α衰變

雖然都叫衰變，但原子核的衰變並非全都一樣，而有兩個不同的種類。釋放 α 射線的衰變叫做 **α 衰變**。α 射線的真面目其實是有兩個質子、兩個中子組成的氦原子核。輻射有個共通的性質叫電離作用。所謂的 **電離作用**，就是說輻射在射出去的過程中，會撞飛其他原子周圍的電子。

這個電離作用正式決定輻射性質的關鍵。後面將要介紹的X射線雖然不屬於原子核的碎片，但也同樣具有電離作用，所以被歸類為輻射的一種。我們無法預測原子什麼時候會放出 α 射線，也就是原子核什麼時候會衰變。有可能是現在，也有可能是明天，或是一週後、一年後、幾百年後、甚至幾千年後。不過，整顆原子核衰變成一半的時間是固定的。這個時間稱為 **半衰期**。

鈾238的半衰期與地球誕生至今的歷史相同，都是四十五億年，所以可以反推得知，在地球剛誕生時，地球上鈾238的總量大約是現在的兩倍。

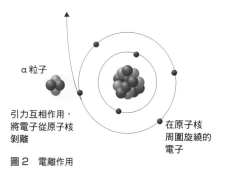

圖 1　α 衰變的例子

圖 2　電離作用

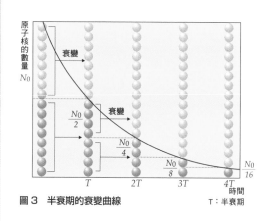

圖 3　半衰期的衰變曲線　　T：半衰期

β 衰變

原子核中的中子變成質子的變化，稱為 **β 衰變**。在 β 衰變過程中放出的輻射，真面目其實是電子。不過這個電子不是繞著原子核周圍轉的電子，而是中子變成質子時放出的電子。

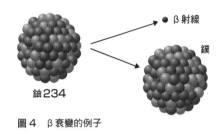

圖4　β 衰變的例子

由於 α 射線具有兩個質子，所以引力導致的電離作用很強；但 β 射線是電子，移動速度快，消散的也快，所以電離作用比較弱。

同時，在原子發生 α 衰變和 β 衰變的時候，還會放出一種叫 γ 射線的電磁波。γ 射線也具有電離作用。輻射都具有一種可直接穿過物質的穿透性。α 射線的電離作用很強，相對地也比較容易損失能量，因此穿透力不強。大概一張紙就能擋下 α 射線。

而 γ 射線和X射線都不是粒子，所以雖然電離作用很弱，不過穿透性卻很強，可被用來治療癌症或拍攝X光照片。

人為破壞原子核產生的核能

相信很多人心中都對輻射抱有兩個疑問。第一個疑問是，核子彈和核能發電廠等核子技術，究竟跟輻射有什麼關係？我們前面介紹的幾種輻射，都是自然衰變的原子核放出的輻射，也就是自然界原本就存在的**天然輻射**。

而核能就如同我們在第11章「原子的結構」中說過的，是藉由人為破壞原子核來獲得龐大的能量。而原子核在被破壞的時候，當然會噴出很多碎片。所以我們在產生核能時也會連帶產生輻射。

輻射對生物的影響

至於第二個疑問，相信也是所有人最大的疑問，就是輻射為何如此「恐怖」？而且電視上的專家學者也很少清楚告訴我們，多少劑量的輻射會帶來多大程度的危害，令人總有種沒搔到癢處的感覺，這到底是為什麼呢？如同前段說過的，輻射具有電離作用。

當生物體細胞中的DNA原子被輻射打中，原子就會因電離而變化，切斷DNA的螺旋結構。之後細胞的命運——以白血病為例——有下圖四種。至於結果是哪種純粹看運氣。因此即便暴露在相同劑量的輻射中，有的人可能平安無事，有的人可能會罹患癌症，完全是運氣使然。

不過，輻射對細胞的影響，也能反過來用於消滅癌細胞。

在現代，對於外科手術難以切除的癌，或是防止癌細胞復發，放射性治療都是一種有效的手段。

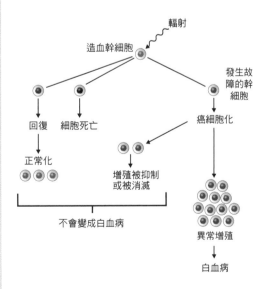

圖5　DNA損傷和白血病的發病、治療的可能性

被應用在各種領域的輻射

自然界存在的輻射，其容許量是？

　　如下圖所示，我們打從出生的那一刻起就隨時暴露在天然輻射下。所以，天然輻射對我們的日常生活並不是問題。話雖如此，由於搭乘飛機時會照到比較多的宇宙射線，因此日本法律規定，航空公司有義務管理機組人員的健康狀態。而太空人的檢查又更加嚴格。

　　但**人工輻射**又是另外一回事。前面已經說過，輻射的容許量，也就是多少輻射會對人體產生的影響，並不存在明確的標準。以人工輻射來說，有些雖然會有影響，不過因為可以幫助我們及早發現或治療疾病，所以只要在照射前取得當事人的同意即可。然而，如果是出於意外的話，除非能確定該種輻射完全有益無害，否則任何輻射的容許量都應該是零。

　　話雖如此，人工輻射現今早已被我們運用在生活中的各個領域。

1.　在醫療方面，除了會利用輻射的穿透性診斷疾病，還會讓病患將放射性物質吃入體內，然後用儀器追蹤放射性物質來找出疾病。另外，如同先前所述，輻射也被用來治療癌症，且對難以進行外科手的高齡患者尤其有效，也不需要為器具進行消毒。

2.　利用輻射的穿透性，可以在不拆開或破壞機器的情況下看到機器內部的情況。

3.　輻射對農作物和植物的品種改良、驅除害蟲也有效果。

●我們的生活與輻射

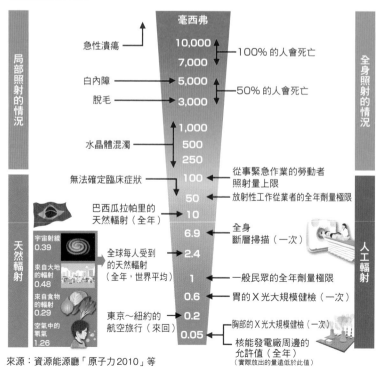

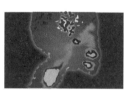

γ攝影器

X光檢查

行李檢查

來源：資源能源廳「原子力2010」等

13 光之二（波粒二象性）

愛因斯坦
（1879 – 1955年）

解開光之真面目的天才物理學家

康普頓
（1892 – 1962年）

證明光的粒子性

德布羅意
（1892 – 1987年）

認為電子具有波動性

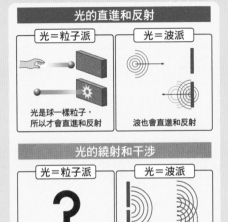

光的直進和反射	
光＝粒子派	光＝波派
光是球一樣粒子，所以才會直進和反射	波也會直進和反射

光的繞射和干涉	
光＝粒子派	光＝波派
? 難以解釋粒子為何會有繞射和干涉	繞射和干涉是波特有的現象

由光所引導的新物理學之路

光究竟是粒子還是波的漫長爭論，在馬克士威證明了光是一種電磁波後，看似以波動論的大獲全勝告終。根據馬克士威的電磁波理論，用火花放電實驗實際證明電磁波存在的人便是赫茲。赫茲在實驗中發現，當發射器被遮蔽時，接收器的放電現象會減弱，並注意到其原因在於紫外線。這就是發現「光電效應」（p.138）的開端。

愛因斯坦認為光是一種粒子，並以此解開光電效應的原理。隨後許多實驗和新理論也陸續誕生，為光的粒子性提供了論據。由**康普頓**發現的康普頓效應便是其中之一。而光的粒子則被命名為光子。

但與此同時，科學家也在光的身上發現了新的繞射和干涉等波動現象。最具代表性之一的就是**勞厄斑**。勞厄在研究剛發現之初也曾陷入波粒之爭的X射線時，成功用感光乾板記錄到代表有繞射現象發生的斑點（勞厄斑）。這令學界不得不承認，X射線是一種波長極短的電磁波。後來，布拉格父子找出了X射線在晶體內發生繞射和干涉的條件。這項成就不只影響了物理學界，也影響使用X射線的電波天文學，甚至幫助了DNA二股螺旋結構的發現。

然而，在**德布羅意**發現原本大家都同意百分之百屬於粒子的電子，也具有波動現象後，物理學界迎來了一波巨大的海嘯。換言之，像光子和電子這種微小粒子，竟同時具有波動性和粒子性。

聽到這裡，有的人可能會誤解「什麼嘛，結果搞了半天，科學家還是不知道光到底是粒子還是波嗎」，以為這個問題得等到未來物理學更進步後才能回答。恰好相反，在物理學上科學家已經非常確定，波粒二象性正是光的本質。

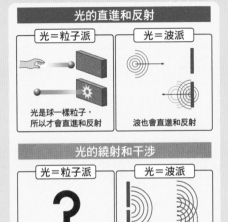

愛因斯坦

阿爾伯特・愛因斯坦（1879 － 1955 年）／德國

出生於德國南部的烏爾姆。1900 年大學畢業後在瑞士專利局找到工作，可說是人類史上最幸運的事件。因為專利局的工作非常清閒，才使愛因斯坦有閒暇時間做自己的研究。1905 年，愛因斯坦在二十六歲時發表了「狹義相對論」、「論布朗運動」、「論光電效應」等三篇論文，震驚了全世界，並在之後的歲月盡情揮灑他天賦的才華。

解開光之真面目的天才物理學家

一切始於萊納德的光電效應

萊納德繼承了赫茲的研究，進行了一個**光電效應**的實驗。結果，他從實驗中發現了以下三件事。萊納德的光電效應實驗結果，令當時的研究者一時間傷透了腦筋。

---

1. 在密封的玻璃管兩端裝上金屬電極，用紫外線照射陰極會射出電子，但用可見光照射卻不會。
2. 若縮短照射光的波長，且亮度不變，則放出的電子動能會變大，但電子數量不變。
3. 若調高照射光線的亮度，但波長不變，則放出的電子數量會增加，且各電子的動能大小不變。

愛因斯坦根據布拉格（p.148）的猜想，提出了「**光量子**」理論，簡潔俐落地解釋了光電效應。因為這項成就，愛因斯坦在 1921 年拿到諾貝爾物理學獎。而光電效應可用圖 1 的實驗觀察到。

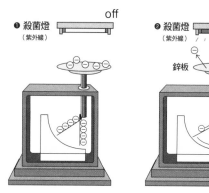

圖 1　光電效應驗證實驗
使箔檢電器帶負電並打開。用紫外線照射鋅板，若箔片閉合，就代表有電子射出。

光的量子化

讓我們用「光量子」來思考萊納德的光電效應實驗。

在圖 2 的實驗裝置中，把金屬 K 接上電源的陰極，把 P 接上陽極，由於光電效應的作用，K 射出的電子（又稱光電子）會往 P 聚集，使迴路上產生電流 I（又稱光電流）。

---

1. 欲使電子脫離金屬飛出，必須先給予電子一定程度的能量。持續給予小而穩定的能量，無法使電子射出。愛因斯坦把光想成一種粒子（光子），認為光子撞到電子後會給予電子能量，使電子脫離金屬射出。紫外線的頻率高，所以一個光子帶有的能量很大，撞到電子後能給予足以使其射出

的能量。

2. 縮短照射光的波長，且不提高亮度，就等於提高光的頻率，但光子的數量沒有改變；因此只是被撞到電子得到的能量變多，被撞到的電子數量卻沒有增加，所以電流I的大小不變。

3. 而提高照射光的亮度，就等於增加光子的數量，因此被撞到的電子數量變多，電流也就跟著變大。

除此之外，根據同一張圖可發現，若提高P之於K的電位，也就是提升電壓V，光電流I也會跟著變大，但超過某個界線後就不會再改變。這是因為提高電壓，聚集在P的電子數量增加，電流也因此增加；但當所有飛出的電子都已經聚集到P後，無論再怎麼提高電壓，電流大小也不會改變。

由此可知，萊納德發現的「光電效應」可完美地用「光量子」來說明。而愛因斯坦「把光量子化」的想法，也被稱為「**光量子假說**」。

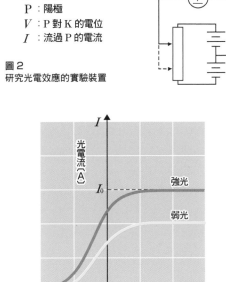

K：陰極
P：陽極
V：P對K的電位
I：流過P的電流

圖2
研究光電效應的實驗裝置

圖3
施予光電管的電壓和光電流間的關係

深深影響愛因斯坦的一本書

愛因斯坦的身上有很多小故事，其中一個他本人常常提到的故事，就是他對自己在四、五歲收到羅盤（指南針）和十二歲時收到的『歐幾里得幾何學』這兩個禮物一直記憶猶新。

(((**外溢效應**)))

「光量子假說」的出現，使物理學界迎來了新的局面。因為既是粒子又是波的二重性並非光所獨有，而存在於所有電子層級的微觀世界，為量子力學和粒子物理學盛大地揭開序幕。

光電效應的發現，也間接幫助了好幾位日本人拿到諾貝爾獎。既然用光照射金屬會射出電子，那麼反過來也能藉由偵測電子的射出來推斷是否曾有光照射。而這就是製造了數個諾貝爾獎成果的超級神岡探測器（p.165）上的光電倍增管的原理。

康普頓

阿瑟·霍利·康普頓（1892 － 1962 年）／美國

生於美國俄亥俄州，1919 年赴英國留學，在劍橋大學的拉塞福底下做研究。1920 年回到美國聖路易斯華盛頓大學任教，1923 年又轉至芝加哥大學。1945 年成為華盛頓州立學院的院長。康普頓起初研究的是X射線，後來改為研究宇宙射線。

證明光的粒子性

X射線是粒子嗎？

1923 年，康普頓發現X射線在被自由電子散射後波長會變長。這個現象被命名為**康普頓效應**。X射線的波長變長，意味著它所帶的能量變少了。換句話說，電磁波的X射線把一部分的能量給了自由電子。這顯示了電磁波會像粒子一樣振動。而康普頓效應可以用「光的粒子性」來解釋。

康普頓的研究

讓我們詳細看看康普頓的研究過程。首先，讓我們想像有一道光打中了金屬箔片上的原子。根據過往的理論，光雖然會朝各個不同方向散射（p.71），但散射後頻率照理說不會改變。

但若用「光量子理論」來思考，光是一種叫光子的具有運動量的粒子。如此一來，光子和原子碰撞時就可以套用**動量守恆定律**。康普頓當初是這麼推論的。

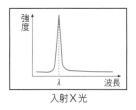

入射X光

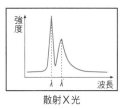

散射X光

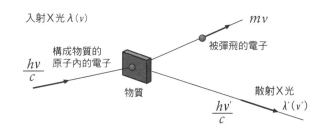

λ：波長、ν：頻率、m：電子質量、V：電子速度、h：普朗克常數、c：光速

用X光照射物質，電子會飛出。

若把X光想成動量為 $\dfrac{h\nu}{c}$ 的粒子，那麼就能用動量守恆定律來思考。

康普頓效應概念圖

根據此定律，當質量小的物體撞上靜止或沉重的大質量物體時，結果不是反彈回去，就是會改變方向。而相撞後物體的速度幾乎不變，因此能量也不會變化。但是，若相撞的兩物體質量差很小，在撞擊時理論上會交換很多的能量。

根據試算，若光子撞上一整顆原子，光子失去的能量會少到無法觀測。然而，若光子撞上的是電子，因為電子的質量非常小，所以飛來的光子會把很大一部分的能量傳給電子。

因此，康普頓用X射線照射石墨，檢測到了兩種散射的X射線。第一種的頻率ν跟原始的X射線相同，但另一種的頻率ν'卻比較小。

檢測到頻率發生變化的X射線，意味著光子的確把能量傳給了電子。不僅如此，康普頓測量到的動量、能量變化，也跟愛因斯坦想像的光子能量「普朗克常數h×頻率」，以及由此推導出的光子動量「光子能量／光速」算出來的值完美符合。

根據這個實驗結果，可以推論光子是種帶有固定能量和動量的粒子，此外，光子和電子撞擊時的動量和能量也都前後守恆。

就這樣，繼光電效應後，光的粒子性再次得到證實。然而另一方面，光的波動性也是不可動搖的現實。因此，對於光究竟是粒子還是波這個難題，我們只能做出「光同時具有被我們定義為粒子的表現，也具有被我們定義為波的表現」。

不僅如此，後來科學家們更發現擁有這種二象性的，不只是光而已。

(((**外溢效應**)))

當時，愛因斯坦提出光量子假說，推測特定頻率的光會表現出能量等於〔普朗克常數×頻率〕的粒子之性質。後來愛因斯坦又猜想光子的動量應等於〔普朗克常數×頻率／光速〕，這個猜想在康普頓效應的實驗中得到了證明。多虧了康普頓效應，愛因斯坦的光量子假說得到了普遍的認可。

另外，用於表示靜止粒子和光子相撞時的光子波長變化之數值，叫做康普頓波長，在量子力學中解釋粒子的交換時，會以康普頓波長作為力的到達距離之標準。湯川秀樹便是由電子的康普頓波長預測了介子的存在。

與曼哈頓計畫關係密切的康普頓

在p.126頁也有提到，康普頓是曼哈頓計畫的主要成員之一。他自1941年成為其中一個委員會的委員長，負責計算原子彈所需的鈾量和製造方法，分別檢討了以鈾235為原料和以鈽為原料的兩種設計方案。最後兩種核彈都被實際開發出來，前者被投於廣島，後者被投在長崎。

1945年左右廣島市的爆炸中心附近。照片由朝日新聞社提供。

13

光之二（波粒二象性）

德布羅意

路易·維克多·德布羅意（1892 – 1987年）／法國

德布羅意生於法國迪耶普的貴族世家。從巴黎的索邦大學畢業後，德布羅意便進入陸軍服役。第一次世界大戰結束後，開始研究與量子有關的數理物理學，最終用理論推導出電子的波動性。

認為電子具有波動性

在哥哥的請託下解開了X射線的二象性

路易·德布羅意的哥哥莫里斯·德布羅意在1913年開始進行X射線的實驗，遇到了粒子性和波動性的二象性問題。英國的威廉·亨利·布拉格和威廉·勞倫斯·布拉格父子，在實驗中證明了X射線同時具有繞射現象和粒子性，而父親威廉·亨利主張，物理學界有必要找出一個能同時詮釋這兩種性質的理論。身為實驗家的莫里斯也贊同布拉格父子的想法，便拜託理論派的路易解開X射線的二象性之謎。

陰極射線的繞射像

鍺的單晶薄膜繞射像。可得到因結晶對稱性產生的對稱斑點。

鐵的多晶薄膜的繞射像。由於存在各種角度的結晶，因此不是形成斑點，而是同心圓狀的型態。

反之亦然

路易推想，既然光和X射線這種電磁波具有粒子性，那麼反之像電子這樣的微小粒子會不會也具有波動性呢？於是他運用愛因斯坦的光量子假說和狹義相對論公式，在1923年導出了能夠連起粒子性性質（運動量）和波動性性質（波長）的方程式。最初贊同路易的就只有愛因斯坦一人，而以波耳為首的哥本哈根學派的物理學家，全都反對這個荒謬的奇想。

確認物質波的存在

四年之後，美國的柯林頓·戴維孫和英國的J.P.湯姆森（J.J.湯姆森的兒子）分別在實驗中確認到電子的波動現象，並將這種波稱為**物質波**。

粒子物理學研究所——CERN的起草者

德布羅意直到1928年為止都在索邦大學教授物理學。後來，他先後歷經亨利·龐加萊實驗室成員、巴黎大學的理論物理學教授，在1929年發現「電子的波動性」，拿到諾貝爾物理學獎。位於瑞士日內瓦的歐洲核子研究組織（CERN，p.159）興建了大型粒子對撞機，成為全歐洲和全世界粒子物理學的研究中心。第二次世界大戰後，歐洲各國都瀰漫著要在科學研究領域對抗美國的氣氛。而1949年，正是德布羅意在瑞士召開的會議上提議創建CERN。

(((外溢效應)))

　　就這樣，在揭開光的真面目後，人們終於明白長久以來被視為波的光，同時也是一種名為光子的粒子。相反地，德布羅意則發現如電子之類的微小粒子，同時也具有一種名為物質波的現象，盛大地為量子力學揭開帷幕。

　　不僅如此，後來科學家更發現**陰極射線**也會產生跟勞厄斑一樣的斑點，據此開發出了用陰極射線代替光線的電子顯微鏡。

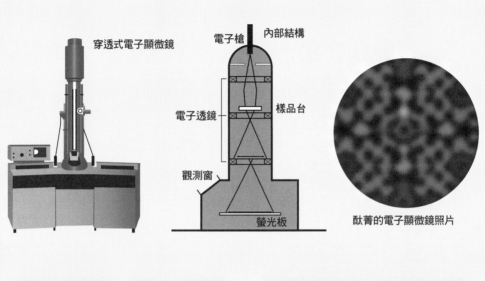

穿透式電子顯微鏡

電子槍　內部結構

電子透鏡　樣品台

觀測窗

螢光板

酞菁的電子顯微鏡照片

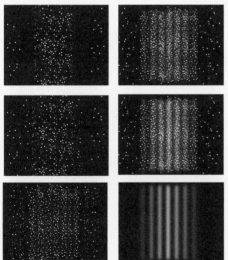

光子的二象性

將通過多個狹縫的光子一個一個捕捉下來的照片。可清楚見到隨著時間經過，光子的數量變多，干涉紋逐漸出現的過程。

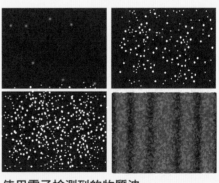

使用電子檢測到的物質波

（左上）8 個電子（右上）270 個電子
（左下）2000 個電子（右下）16 萬個電子

光到底是什麼？
從生活中的例子到相對論

進入夏天，藥妝店的架上總是會擺出一排排抗紫外線的防曬乳液。而進入冬天後，大家則會躲進有紅外線的暖爐中取暖。為什麼紫外線會曬傷人，但用紅外線取暖卻不會曬傷呢？

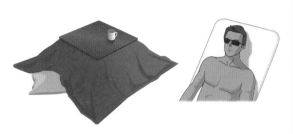

不同波長的光，能量也不同

紅外線屬於低頻率的光波，能量也很小。因此就算照到皮膚也幾乎沒有影響。然而，紫外線屬於能引發光電效應的高頻光波，攜帶的能量很大，皮膚被照到時會像金屬一樣損失電子，引發化學反應，而這就是「曬傷」。

為什麼我們能看見遙遠的星星？

在夜空中閃爍的星光，為什麼能穿過幾億光年的距離進入我們的眼中呢？

夜空中的星光之謎，可以用光的粒子性來解釋。令人驚訝的是，0等星的亮度每秒鐘每一平方公釐，就有一萬個光子來到地球。而我們的眼睛非常敏感，即使只有一個光子進入眼球，也能讓大腦

產生「看到」的感覺。

由此可見，雖然大部分的情況下，日常生活中的光都像第6章的「光之一（波的探究）」所說的那樣表現出波的性質，不過有時光也會同時表現出粒子的性質。

話說回來，已在本書中登場過很多次的愛因斯坦，在科學史上留下了三項重要的成就。第一個是在11章「原子的結構」中說過的，關於布朗運動分子的理論。第二個是**相對論**。而第三個便是與光有關的**光電效應**（p.138）理論。提到愛因斯坦，多數人第一個想到的都是相對論。然而，儘管愛因斯坦正如許多人預料般拿過諾貝爾獎，但得獎的原因卻不是相對論，而是光電效應。

什麼是相對論？

機會難得，這裡就順便介紹一下相對論吧。光的存在在相對論中也扮演很重要的角色。

相對論分為**狹義相對論**和**廣義相對論**。多數人印象中的相對論都是「狹義」的版本。譬如那個知名的 $E=mc^2$ 就是狹義相對論導出來的公式。其中E是能量，m是質量，c是光速。所以愛因斯坦理論的骨幹依然是光。

愛因斯坦在十六歲曾想過一個問題：「如果我用光速追趕光線，那麼我『看』到的光會是什麼樣子？」。因為光遠離的速度和自己追趕的速度是一樣的，所以光理論應該是靜止不動的，但靜止不動

的光要怎麼進入眼睛被「看」到呢？這個矛盾讓他感到十分苦惱。然後過了十年，愛因斯坦想出了以光速作為宇宙絕對標準，其他一切都是相對的「光速不變原理」。換言之，無論自己跑得多快，都永遠不可能追上光，且光相對於自己的速度永遠不變。

然而，即便是像愛因斯坦這樣的天才，仍有一件他親口表示「一生最大的錯誤」，令他懊悔不已的事。

愛因斯坦用一個數學式表達了廣義相對論。這個數式又叫愛因斯坦重力場方程式。根據此方程式，無論在宇宙的任何一個角落，都能算出物體在重力場中的運動軌跡。

然而，在解這個方程式的過程中，愛因斯坦發現宇宙會和時間一起收縮和膨脹。愛因斯坦對此感到非常困惑。因為以前他一直相信「宇宙的狀態是永恆不變的」。

他絞盡腦汁思考，究竟該怎樣讓計算的結果符合自己的期望，最後在方程式中加入一個「宇宙常數項」，做了手腳，讓計算出來的宇宙不會收縮也不會膨脹。

然而，由於這個手腳實在太過明顯，因此發表後很多科學家都對這個「宇宙常數項」提出質疑，嘗試在各種不同條件下解開愛因斯坦方程式。其中之一就是身兼天主教神父的勒梅特。勒梅特拿掉愛因斯坦方程式中的「宇宙常數項」後，導了宇宙正在膨脹的結果。不僅如此，勒梅特推測如果宇宙仍然在膨脹的話，那麼把時間倒回，宇宙最早很可能只有一個點，由此建立了今日大霹靂理論的基礎。或許正因他是個神職人員，才能想出這樣的理論也說不定。

後來在天文學家從觀測中確認宇宙的確正在膨脹後，愛因斯坦也坦然承認，在方程式中加入「宇宙常數項」是他「一生最大的錯誤」，並在國際會議上讚揚勒梅特的理論，是「這輩子看過最美麗、最合理的理論」。

假如光速是絕對的，那麼以往被認為絕對不變的時間就必須可以伸縮，且物體愈接近光速，質量就會變得愈大。然後愛因斯坦據此，導出了那個全世界最有名的方程式。

然而，狹義相對論是一個只適用在以等速運動的「慣性系統」中之「狹隘」理論，所以愛因斯坦才又建立了在加速運動的系統中也能適用的「廣義相對論」。愛因斯坦在思考加速度運動時將焦點放在重力上，並仿效法拉第和馬克士威建立電場和磁場，假設了重力場的存在。同時，愛因斯坦認為重力就是重力場的扭曲，也就是時空間的扭曲。這個概念在今日成為黑洞理論的基礎，相信很多人也都多少聽說過。而且，根據廣義相對論預測，光線也會被強大的重力場扭曲。而在1916年的日全蝕中，科學家實際觀測到了遠方恆星的光被太陽的重力場扭曲，證明了廣義相對論的正確性。

聽到這裡，相信你以後也能在聊天時，得意地向朋友們侃侃而談「根據相對論……」，炫耀自己的知識了吧。

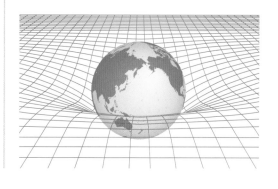

光之二（波粒二象性）

量子力學與愛因斯坦

拒絕量子力學的不確定性，但用思想實驗也打不倒它……。

儘管愛因斯坦提出的「光量子假說」可說是量子力學的發端，不過愛因斯坦本人卻非常討厭量子力學。尤其量子力學中的**不確定性原理**最讓他難以接受。而量子力學中有名的「薛丁格的貓」悖論，其實也源自愛因斯坦。

愛因斯坦是決定論的信徒，他相信只要運用物理定律，宇宙中所有現象都可以被明確清晰地描述。理科生中有不少人都是這種類型。每當詢問這種人他們為什麼喜歡數學和物理，得到的答案通常是「因為數學和物理的問題都只有一個答案」。然而，在量子力學的世界卻並非如此。只要讀完第14章「量子力學」的單元之後，你就會知道為什麼了。

上帝不玩骰子

在1927年10月舉行的國際性物理化學研討會——第五屆索爾維會議上，愛因斯坦和量子力學的科學家曾有過一番舌戰。愛因斯坦批評量子力學認為粒子的存在只能用機率來表達的理論，質問量子力學家波耳「你真的相信上帝會玩骰子嗎」，而波耳則反擊道「不要告訴上帝應該怎麼做」。

誰是對的？

然後，到了1930年的第六屆索爾維會議，愛因斯坦提出了一個「箱子裡的鐘」的思想實驗，試圖指出量子力學的矛盾。

這個思想實驗的內容如下：假設有一個裝滿光子的箱子，箱子上有一個快門，每當有一個光子穿過快門，就會觸發箱子裡連著快門的時鐘記錄下時間；同時箱子懸掛在彈簧秤上，所以只要測量快門開關後箱子的質量減少多少，即可算出光子的能量。而這就攻破了不確定性原理中，時間和能量無法同時被觀測的主張。在聽完這個思考實驗後，就連波耳似乎也無法反駁。

然而隔天早上，波耳想出了答案。他表示，當光子通過快門離開箱子後，因為箱子變輕了，所以彈簧會往上升。而因為箱子移動了，所以根據狹義相對論，時間會變慢而無法正確測量，攻破了愛因斯坦的思想實驗，取得勝利。

世紀天才的最後

隔年，愛因斯坦發表了一篇有關量子力學的論文，終於認同了波耳的反論。就這樣，愛因斯坦與量子力學的戰爭，以量子力學的勝利告終。

關於愛因斯坦晚年的活躍，坊間已有不少愛因斯坦的傳記可以參考，這裡就略過不談。1955年4月18日，愛因斯坦在普林斯頓醫院中走完人生最

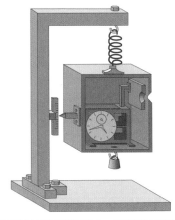

1930年第六次索爾維會議上，愛因斯坦提出的思想實驗概念圖

後一程時，床邊仍放著預定於以色列建國紀念日發表的演講稿原稿，以及尚未完成的統一場論方程式。愛因斯坦直到人生的最後，依然很有愛因斯坦的風格。

14 量子力學

普朗克
（1858 – 1947年）

量子力學始於普朗克

波耳
（1885 – 1962年）

提出原子結構的「波耳模型」

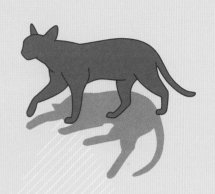

薛丁格
（1887 – 1961年）

用波動方程式展示了量子力學的數學根據

一切始於克希荷夫的研究

在大學內，量子力學是最讓物理學系的學生傷腦筋，且現在連電子工程系的學生也備受折磨的學科，而這門學科的起點是克希荷夫（1824 – 1887年）的研究。克希荷夫為了測量熔礦爐內的溫度，調查了從爐內射出的光之顏色。除此之外，克希荷夫還設想了一種可吸收所有頻率的光，完全黑色的「黑體」，並發現了「黑體」釋放的輻射強度不受物體的性質影響，只與溫度和波長有關。然而，由於光的強度和頻率的關係，這個名為「黑體輻射」的現象，實際測到的值始終不符合理論值，令物理學家大感困惑。此時解決了這個問題的人就是**普朗克**。普朗克引入「量子」的概念，漂亮解決了「黑體輻射」問題，打開了量子力學的大門。

繼普朗克之後，愛因斯坦我們已在p.138介紹過了。而**波耳**則引進了量子的概念，建立了新的原子模型「波耳模型」。至於**薛丁格**則使用波動方程式，證明了波耳模型的正確性，為量子力學提供了數學的根據。

另外儘管本書沒有介紹，但後來一位名叫海森堡（1901 – 1976年）的科學家也運用了矩陣力學證明了波耳模型。此外海森堡更提出了「粒子的位置和動量無法同時被精準測量」的測不準原理，而這個原理成為了量子力學的哲學支柱。

建立於量子力學之前的牛頓力學被稱為「古典力學」。但古典並不是說牛頓力學比較過時，而是說這兩個力學體系適用的對象大小尺度不同。量子力學是一種用於描述電子和光子等微觀世界的理論體系，而比微粒子更大的世界，也就是我們日常生活所見到的現象，則依循古典力學運作。因此，現在科學技術最尖端的火箭航線計算等技術，依然要運用古典力學來處理。

普朗克

馬克斯・卡爾・恩斯特・路德維希・普朗克（1858 － 1947年）／德國

生於霍爾斯坦公國（現屬德國），在柏林大學時熱衷於研究熱力學。在思考黑體輻射的過程中吸收了「量子」的概念，成為量子力學的開山祖師。他活到快九十歲，親眼見證了德國在兩次世界大戰中的興衰。馬克斯・普朗克實驗室便是以他的名字命名。

量子力學始於普朗克

黑體輻射

師從克希荷夫的普朗克，為了解決黑體輻射（p.154 － 155）問題，漂亮地推導出了與實驗數據一致的關係式。儘管普朗克就算只研究到這裡就停手，也足以名留青史了，但他卻繼續改進這個關係式，假定黑體輻射的能量為常數h× 頻率，跳著只取$1×h×$頻率、$2×h×$頻率、$3×h×$頻率……每個整數倍的值，換言之，普朗克認為這個值不是平滑的連續值，而是階梯狀的不連續值。

這種階級狀的取值概念就叫**量子化**。普朗克吸取了量子化概念後重新寫過的方程式則叫「普朗克輻射公式」。

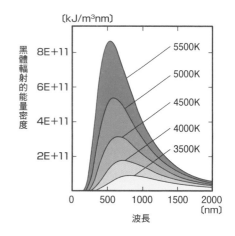

〔kJ/m³nm〕

5500K
5000K
4500K
4000K
3500K

黑體輻射的能量密度

波長

圖1　表示普朗克輻射公式的圖

善良的普朗克

普朗克擅長彈鋼琴，甚至曾一度想成為音樂家，並特別喜愛舒伯特、舒曼、布拉姆斯等浪漫派的作曲家。同時，他也非常重視自己的家人，會定期在家裡舉辦音樂會。他甚至曾與愛因斯坦和另一位知名小提琴家，一同在家庭音樂會上表演。

第二次世界大戰末期，一些晚輩因擔心反對希特勒又沒有離開德國的普朗克夫妻，便委託美軍保護他們。美軍答應了這項請求，前去找到普

瑞典發行的郵票

朗克夫婦，並將兩人護送至基輔一座安全的城鎮。

普朗克輻射公式的內容如下。

將 p.155 圖 4 的式子代換為 $a = \dfrac{h}{k_B}$。

$$u(v, T) = \frac{8\pi v^2}{c^3} \cdot \frac{hv}{e^{hv/k_B T} - 1}$$

揭開量子力學的序幕

圖表 1 是將 p.154 的圖 1 的橫軸由頻率改為波長後的圖。隨著溫度變化,波峰的波長會不斷跳升。由於波峰的波長是肉眼可見的光,因此與可見光的顏色不呈現連續性變化的觀察結果一致。

普朗克本身是一位古典學派的物理學家,所以當初對自己奇葩的想法似乎也不太能接受。

愛因斯坦是少數看懂了普朗克早期量子論論文的物理學者。他在看過普朗克的想法後大受刺激,解開了「光電效應」之謎。此外,愛因斯坦也十分欽慕普朗克的人品,他在列舉自己待在柏林的開心事時,最後一項便是「能待在普朗克身邊」。

普朗克不只是一位出色的物理學家,更是一個出色的「人」。他發揮令人驚嘆的社交手腕,成為一位備受晚輩尊敬的指導者,也刺激了包含愛因斯坦在內的許多科學家。波耳、海森堡、薛丁格等年輕一輩的天才,也是追隨普朗克的腳步,才建立起「**量子力學**」這座高樓。

普朗克在世時,尤其中意薛丁格的波動方程式,他在兩人往來的書信中曾寫道是波動方程式讓他「終於看到合乎理性的量子力學誕生」。

普朗克想出來用以描述量子能量的常數 h,就被稱為普朗克常數。

(((**外溢效應**)))

質量的單位「公斤」,在過去一直是用一塊鉑銥合金製的「國際公斤原器」來定義的。儘管「國際公斤原器」被嚴格地保護著,但據推算還是在一百年間因表面的汙垢而減少了約五十微克。因此,繼長度單位改用雷射來定義公尺後,自 2011 年起,一公斤的定義也被改用普朗克常數來定義。現在的一公斤是用普朗克常數導出的電子質量為基準,求出的一個碳原子核質量來定義。當時的日本產業技術綜合研究所,幫忙測定了世界最高等級精度的普朗克常數,做出了決定性的貢獻。(根據產綜研官網的介紹)

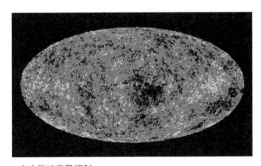

宇宙微波背景輻射
探測機觀察到的、被認為是大霹靂所遺留下來之宇宙背景輻射,可用普朗克公式進行極高精度的驗證。宇宙射線的溫度據測量約在 2.75 ± 0.001〔K〕之間。

保管於產綜研的日本公斤原器。照片由朝日新聞社提供。

波耳

尼爾斯・亨里克・達維德・波耳（1885 － 1962 年）／丹麥

生於丹麥，二十六歲留學英國，在拉塞福的實驗室待過一年。後來由拉塞福擔任所長的卡文迪許實驗室，和波耳設立的理論物理學研究室，成為兩次世界大戰中間短暫和平時期的全球物理學兩大據點。

提出原子結構的「波耳模型」

指出長岡模型的問題，並漂亮解決

長岡半太郎設想的電子繞行原子核旋轉的結構，儘管得到了拉塞福的檢證，卻還是存在一個巨大的缺陷。根據電磁學原理，我們知道運動中的電子會釋放電磁波。如此一來，電子的動能應該會逐漸減少，最終像右圖那樣掉進原子核中。換言之，原子應該會自然坍縮才對。當然實際上原子並不會自然坍縮，而是非常穩定的存在。這個理論矛盾是個很大的問題。而用大膽的想像力解決了這個難題的人正是波耳。他以結構最簡單的氫原子為對象，把電子的運動想像成一種波。

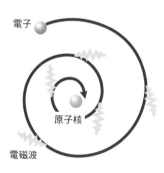

電子

原子核

電磁波

拉塞福設想的電子旋繞原子核的情況

文武雙全的學者，波耳兄弟

尼爾斯和他的弟弟哈拉爾德，是一對文武雙全的模範兄弟。兩人都是足球選手，哈拉爾德更在奧運上拿過銀牌。儘管哈拉爾德身為數學家，在數學領域曾立下概週期函數等豐功偉業，但他的數學演講會上有一半的參加者，其實都是他的足球粉絲。

尼爾斯當時在球隊的主要位置是守門員。據說有次比賽中由己方進攻時，尼爾斯因無事可做，便沉浸在腦中解方程式，結果因解得太過入迷而不小心被敵隊進了球。

波耳模型

波耳認為，電子的波在原子核周圍旋繞時，如果要回到原來的位置，就必須像下圖那樣，旋繞一圈的長度剛好等於電子波波長的整數倍。這就是**波耳模型**。同時，如果使用波耳的原子模型，氫原子釋放的**線狀光譜**也能得到解釋。在愛因斯坦的光量子假說中，粒子的能量是由波長決定的，所以電子波的波長為階梯式的話，其能量狀態也會是階梯式的。當能量狀態改變時，這個能量的躍遷便會發出特殊的光。

波耳的原子模型，其實比德布羅意的物質波概念還要早提出。同時，它建立在與海森堡和薛丁格完全不同的方法論上，為量子力學提供了巨大的生命力。

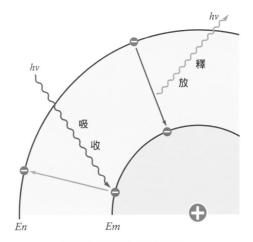

波耳模型的光的吸收和釋放

低能階狀態 Em 的電子，在吸收了光的能量 hv 後，會躍遷至高能階狀態 En。相反地從 En 掉至 Em 時，則會釋放出能量為 hv 的光。

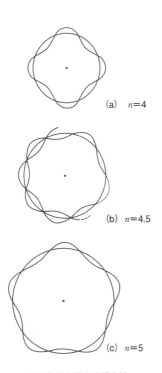

量子條件與原子的穩定性

n表示波長。(a) 的波長為4，是穩定狀態。(b) 的波長是4.5，因不是整數，故旋繞一周時的波峰和波谷會偏離，狀態不穩定。(c) 的波長是5，為穩定狀態。

(((**外溢效應**)))

波耳最大的功績是創立實驗室，聚集並培養了眾多物理學家。對於當時的盛況和波耳在其中扮演的角色，奧本海默（1904－1967年）曾有如下記述：「那是一個屬於英雄的時代。但那盛世不是一個人建立的。來自各方的幾十名科學家齊心協力，在尼爾斯‧波耳的批判精神嚴格領導、駕馭下，最後成就的偉大事業」。

把電子當成波來思考的波耳原子模型，由於無法明確指出電子究竟存在於哪個位置，最後逐漸發展為只能用機率來描述的不確定性概念。愛因斯坦自始至終都無法接受這個想法，因此與波耳的對立日益加深。（參照第13章「光之二（波粒二象性）」的專欄部分（p.146））

14

量子力學

薛丁格

埃爾溫・薛丁格（1887 － 1961 年）／奧地利

生於奧地利的維也納，從維也納大學畢業後，進入瑞士的蘇黎世大學任教，除研究固體比熱、熱力學、原子頻譜等主題外，在色彩學上也展現出色的才華。其後就任柏林大學教授，但因反對納粹政權而辭職，最終在愛爾蘭的都柏林高等研究所落腳。

用波動方程式展示了量子力學的數學根據

波動方程式

受到1923年德布羅意發表的物質波理論所影響，薛丁格在1925年完成了用於表達物質波電子狀態的函數「薛丁格**波動方程式**」，在數學上證明了波耳原子模型的正確性。這個方程式使量子力學家能夠明確解釋原子核和微粒子的行為，為量子力學提供了數學上的依據。

薛丁格的波動方程式，其實就是把表達粒子運動的德布羅意波函數 ψ（希臘字母Psi），表達成時間座標t和電子位置座標的函數。

$$ih\frac{\partial \psi}{\partial t} = \mathrm{H}\psi$$

 花絮

崇拜波茲曼，也寫過哲學書籍

正好在薛丁格進入維也納大學前夕，波茲曼便自殺了。一般認為是由於長期與奧斯特瓦爾德和馬赫因原子論的歧異而交惡，精神壓力過大的結果。薛丁格跟隨接任波茲曼的物理學教授學習，曾說過「波茲曼的思想是我在科學上的初戀」，十分崇拜波茲曼。

薛丁格與維也納大學的數學家外爾關係相當好，並受其啟發，才想出了「薛丁格波動方程式」。今日，在大學的物理學課上，量子力學的第一年課程，通常是先教完「薛丁格波動方程式」後，才教海森堡的矩陣力學。但這個順序，卻讓許多腦袋不夠靈活的學生相當頭疼。

在都柏林時，薛丁格撰寫了包含諸如『生命是什麼？』、『科學與人的氣質（Science and the human temperament）』、『自然與希臘人（Nature and the Greeks）』、『心靈與物質（What Is Life? & Mind and Matter）』等數本哲學著作。在『生命是什麼？』中，薛丁格表示自己認為基因是一種蛋白質。儘管現代已經知道基因並不是蛋白質，但薛丁格對於生命現象的決定論，立場卻是正確的。

1983年至1997年間，奧地利的千元鈔上都印著薛丁格的肖像。

這個方程式被刻在薛丁格和妻子位於提洛邦阿爾卑巴赫的墓碑上。

薛丁格的貓

對於下一頁將會詳細介紹的「**薛丁格的貓**」這個悖論，薛丁格本人是這麼描述的：「用曖昧不明的模型來解釋現實，不應被視為一個有效的手段。一個不明確或矛盾的東西，本質上就算使用模型也不可能被具體化」，試圖指出量子力學的問題。

薛丁格其實非常討厭量子力學中**疊加態**這個概念，所以才丟出了這個矛盾的思想實驗。

不過這個棘手的問題，後來卻催生了一個與疊加態無關的新概念。那就是「多世界詮釋」。這是一個科幻愛好者看了都會興奮不已的詮釋。這個理論認為，貓活著的世界和貓死掉的世界，是兩個平行存在的世界，在打開箱子的那瞬間，觀測者會進入貓活著的世界或貓死掉的世界其中一邊。

關於「薛丁格的貓」之議論，直到今日也依然還在繼續。

「包立不相容原理」

儘管沒有被列入本書的三大量子力學人物中，但瑞士物理學家沃夫岡‧包立（1900－1958年）在量子力學上也提出了一個重要的原理。那就是他1924年所提出的「**包立不相容原理**」，意指一個電子軌道，不能存在兩個以上量子態完全相同的電子。例如，所有的電子都會自旋，但氦原子的兩個電子一定是一個左旋、一個右旋，故能存在於相同軌道上。而鋰原子有三個電子，其中兩個的自旋方向必然相同，所以有一個電子會在其他軌道上。

(((外溢效應)))

量子力學常被認為是一種與生活十分遙遠的學問，但事實並非如此。我們每天都在享受量子力學的恩惠。手機和電腦等所用的半導體技術，以及近幾十年來雷射技術的飛躍性進步，都得歸功於量子力學。

而現代最受注目的一項技術便是**量子電腦**。目前我們所用的電腦可以用超高的速度，處理由「0」和「1」組成的數位資料；但量子電腦卻能處理「0」和「1」疊加的狀態，同時處理多種運算，因此世界各國都在互相競爭，希望能比其他人先開發出來。

相信「薛丁格的貓」大活躍的日子，已經不遠了。

預計未來將會大放光彩的量子電腦

什麼是量子力學？
認識量子力學的概念和原理

你有聽過「薛丁格的貓」嗎？所謂「薛丁格的貓」，是薛丁格提出的一個思想實驗。

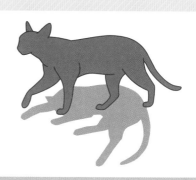

什麼是黑體輻射？

首先讓我們更詳細講解一下堪稱量子力學發端的現象「黑體輻射」（p.148）。提到克希荷夫這個名字，最有名的便是「克希荷夫第一、第二定律」，但克希荷夫在提升德國煉鐵效率的技術上也很有貢獻。在克希荷夫之前，煉鐵工人只能依靠直覺和經驗，才能正確測量熔礦爐內的溫度。

而黑體輻射實驗，揭開了熔礦爐內鐵的顏色和溫度的關係，對造鐵業貢獻卓著。不過，克希荷夫的貢獻並未止步於造鐵業，這點我們之前也說過。

本身帶有顏色的物體，因為會發出與該顏色相同的光，所以無法得知發出的顏色與溫度之關係。

而黑色的物體，會發出對應本身溫度之波長的光，所以可以得知發出的顏色和溫度之關係。

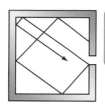

加熱鐵箱後，鐵會開始發光，光線會在箱子內部反覆被釋放、吸收，達到平衡狀態。此時的光最適合研究頻率。

黑體就是鐵箱

話說回來，黑體到底是什麼呢？

我們可以用身邊的東西輕鬆做出簡單的「黑體」。下面的照片是一個一千支綑成一束的縫衣針。而這束針的針尖部分就是一個黑體。

將一千支平時縫衣服的針捆成一束，尖端朝上插在容器裡。

進入的光線會不斷反射深入容器內，無法跑出來，所以尖端看起來會是黑色的。

然後，黑體的顏色和溫度的關係，可表示成圖1的黑體輻射圖。

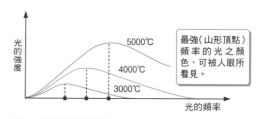

最強（山形頂點）頻率的光之顏色，可被人眼所看見。

圖 1　黑體輻射的測量圖

圖2和圖3的圖和數式是「黑體輻射」的理論值與實驗值不一致的情況。$u(v, T)$ 代表的是頻率

v 時的光的強度。這裡溫度 T 是固定的。k_B 是波茲曼常數，c 是光速。波茲曼常數是與能量有關的常數。

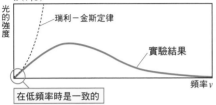

$$u(v,T) = \frac{8\pi k_B}{c^3} v^2 T$$

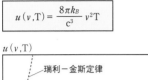

圖 2　瑞利－金斯定律

$$u(v,T) = \frac{8\pi k_B a}{c^3} v^3 e^{-av/T}$$

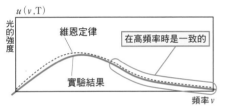

圖 3　維恩定律

普朗克導出的與實驗結果完美吻合之數式如下

$$u(v,T) = \frac{8\pi k_B a}{c^3} \frac{1}{e^{av/T}-1} v^3$$

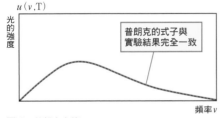

圖 4　普朗克定律

思想實驗「薛丁格的貓」

那麼接下來，就正式開始介紹那個有名的「薛丁格的貓」。

首先，準備一個無法從外面看到內部的不透明箱子。然後在箱中放入放射性物質（參照第 12 章「輻射」）鐳、輻射檢測器、與檢測器相連的槌子、以及裝有氰酸鉀玻璃瓶。

鐳放出 α 射線，而檢測器檢測到射線後會啟動槌子，打破玻璃瓶，釋放出瓶中的劇毒氰酸鉀。也有一種版本的釋放方式是檢測計連接著打開瓶蓋的裝置，但這不是重點。

接著在箱子裡放入一隻貓。不用管要不要給牠飼料和水，因為這只是一個思想實驗。

沒有方法可以預測鐳什麼時候會放出 α 射線。假設一個小時之內，放出 α 射線的機率是 50%，那麼一個小時後，請問這隻貓是死是活呢？

當然，只要打開箱子，馬上就能知道貓到底是活還是死。問題是在打開箱子之前。因為射出 α 射線的機率是 50%，所以牠可能是活的，也可能是死的。按照常識思考，在箱子打開前，儘管我們不知道貓的狀態，但貓肯定非死即活，不會有第三種可能。

然而在量子力學的世界，卻認為還有一種兩種狀態疊加的狀態。例如，原子核周圍的電子，在 A 位置的機率是 50%，在 B 位置的機率也是 50%，並不是說電子可能在其中一邊，而是同時存在於 A 點和 B 點。

回到這隻貓的命運上，在量子力學的世界，於箱子打開之前，貓也是處於生與死疊加的狀態。

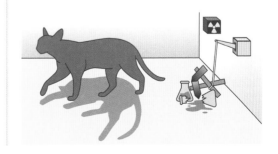

朝永振一郎與同時代的科學家們

可敬的對手，湯川秀樹

　　朝永振一郎（1906－1979年）是哲學家的後代，與湯川秀樹是高中和大學的同學。自京都大學畢業後，朝永前往德國萊比錫大學留學，在海森堡門下研究原子核理論。1941年，朝永當上東京文理科大學（現在的筑波大學）的教授，1965年與施溫格、費曼（1918－1988年）一同獲得諾貝爾物理學獎，確立了量子電動力學的研究領域。

　　朝永與老同學湯川互為可敬的對手，可在日本，知道湯川的人卻比知道朝永的人多。這不只是因為湯川比朝永更先拿到諾貝爾獎。湯川得獎的原因是預測到當時仍不清楚的介子之存在，反觀朝永卻只因「**重整化理論**」這個對大學物理系學生而言也十分難懂的理論而獲獎，所以知名度不高。朝永跟費曼一樣以輕妙灑脫的散文而聞名，但實際上，幾乎沒有人理解他的研究。

朝永與費曼的理論——量子電動力學

　　因此，這裡筆者想大膽地以費曼的演講紀錄為基礎，試圖讓各位讀者也理解一下朝永和費曼的理論。

　　儘管量子力學取得了重大勝利，不過依然沒有解決光和物質之間的交互作用的問題。要契合量子力學的新觀念，就必須修改馬克士威的電磁理論。因此，探討光與物質的交互作用的量子論——量子電動力學在1929年才會應運而生。

　　然而，這個量子電動力學也還有問題。如果去計算近似值，大致可以得到令人滿意的答案；但去計算精確值，一開始以為不重要的修正用項目又一反預期地變大。而且不只是變大，還是無限大，所以到了一定程度之後，就沒有辦法算出正確的結果。

劃世代的發現「重整化理論」

　　1948年左右，施溫格、朝永、費曼三人幾乎在同一時期分別想出了解決這問題的辦法。在實驗中測到的電子質量和電荷，是「裸的質量和電荷」加上與自己交互作用的結果。而「裸的質量和電荷」無法被測量到。因此三人提議用「重整化」「裸的質量和電荷」來消除補正的無窮大。雖然這是個令人摸不著頭緒又帶著狡猾的奇妙理論，但效果卻非常出色，電子磁矩的最近實驗值是1.00115965221，而使用重整化算出的理論值是1.00115965246，其精準度就跟測量紐約到洛杉磯的距離時，誤差只有人體的一根毛髮那麼粗一樣。

　　即使是在實驗精準度日益提高的今天，重整化理論依舊不失其有效性。另外，無法重整化的理論也可被能重整化的新理論取代，可以說重整化不只是量子電動力學，更是量子力學和整個基本粒子的基礎理論。如何，你有感受到重整化理論的美妙之處了嗎。

朝永振一郎　　　　費曼

15 基本粒子

比原子更小的物質最小單位

　　直到19世紀末為止，科學家都認為原子就是最小的粒子。然而，如同第11章「原子的結構」講解的，1897年J.J.湯姆森證明了電子的存在，1911年拉塞福又證明了原子的中心還有一個核。於是人們才知道原子是質子、中子組成的原子核周圍繞著電子的結構。隨後，科學家又設想質子和電子之下應該還有更基本的粒子，而且還真的觀察到了它們。

　　狄拉克預言了以電子為首的基本粒子，都存在一種電荷完全相反，名為「反粒子」的雙胞胎。**費米**則預言了微中子的存在。有一次費米在被學生問到某個基本粒子的名字時，費米竟回答他「如果我能背下所有粒子的名字，早就去當植物學家了」。他之所以會這麼回答，是因為直到1950年代中期，人類已知的基本粒子還不到二十種，但十年後卻一下子增加到近一百種，且隨著新型加速器和高感度檢測的發明，基本粒子的種類還在不斷增加，就連物理學家都為該怎麼分類它們而大傷腦筋。而就在這個時候，**蓋爾曼**跳出來引入了夸克的概念，漂亮地整理了所有基本粒子。

　　現在，基本粒子這個詞，指的是p.164的表中的那幾種粒子。基本粒子中負責構成物質的粒子是夸克和輕子，這種粒子又叫物質粒子或費米子。

　　而負責傳遞力的粒子，則叫規範玻色子或玻色子。負責傳遞重力的重力子目前還未發現。希格斯玻色子是目前最受關注的粒子，因為它是負責賦予質量的粒子。2012年7月4日，CERN（p.159）確認到希格斯玻色子的存在。而如質子和中子等由夸克構成的複合粒子，現在皆已從基本粒子的行列中除名。

狄拉克

保羅・阿德里安・莫里斯・狄拉克（1902－1984年）／英國

生於英國的布里斯托，在布里斯托大學主修工程學和數學，後進入劍橋大學學習物理學。數學能力極其優秀，並運用數學把相對論融合進了量子力學。1932年時被任命為牛頓也曾當過的劍橋大學盧卡斯數學教授，也繼承了牛頓厭惡虛榮的性格。

預言反粒子的存在

量子力學與相對論

狄拉克曾指出，海森堡的矩陣力學和薛丁格的波動方程式，都只是量子力學的不同描述方法，在內容上是一樣的（等價性），並確立了量子力學的數學基礎。在基本粒子的世界，粒子會以接近光速運動，所以會受相對論制約。狄拉克把量子力學改寫為不與相對論矛盾的形式，導出了 $E^2=m^2c^4$。

帶有 $+2mc^2$ 能量的光

帶有 $+2mc^2-mc^2$
$=+mc^2$ 能量的電子

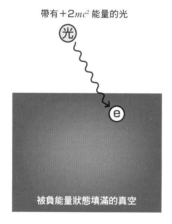

被負能量狀態填滿的真空

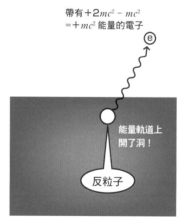

能量軌道上開了洞！

反粒子

狄拉克設想的反粒子形成原理

討厭鎂光燈，勉為其難接受諾貝爾獎

狄拉克非常喜歡科幻文學，曾到電影院看了三次『2001太空漫遊』。他曾說過「物理定律必須具備數學之美」、「上帝是一位高超的數學家，用最高深的數學創造了世界」。他在知道自己獲得諾貝爾獎時，曾因為討厭被公眾注目而打算辭退，不過後來被拉塞福（p.122）勸告辭退的話反而更引人注目，才接受了頒獎。

預言反粒子的存在

　　求此方程式中的 E，可得到 $E= \pm mc^2$ 的解，狄拉克由此預言，所有的粒子都存在一種質量相同，但電荷等其他一切性質都相反的「**反粒子**」。而實際上，電子的反粒子「正子」也在1932年被發現。且反質子、反中子也都已經發現。

「湮滅和成對產生」

　　2009年，上映了一部以反粒子為題材的知名電影。那就是改編自丹‧布朗的小說，『達文西密碼』之續作『天使與魔鬼』。這是一部描述歐洲核子研究組織（CERN）用反粒子製造的反物質遭人偷竊，令人手心冒汗的懸疑電影。

　　反物質與普通物質接觸後會發生**湮滅**，將彼此所有的質量全都轉換成能量，釋放出巨大的能量。因此這個故事也被物理愛好者揶揄，質疑這樣的反物質製造出來後，究竟該如何保存。

　　言歸正傳，所謂的湮滅究竟是怎麼一回事呢？要解釋這現象，就不得不提另一個名詞「**成對產生**」。根據狄拉克的想法，當高能量的光子射入真空，會形成一對電子和正子。這就是成對產生。相反地，電子和正子相撞時則會放出光子，使電子和正子一起消滅，這就是湮滅。狄拉克對於這個現象的理解，便如p.158的圖所繪，但實際上真空並不是負能量的狀態。費曼的想法則如下圖所示。這張圖又被稱為費曼圖，其中縱軸是時間，橫軸的空間，圖中表示了兩個電子間光子交互作用（施加電磁力）的情況。

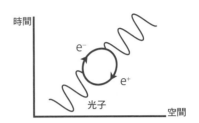

費曼圖。表示了帶電粒子間的光子的交互作用。

左　位於瑞士日內瓦的歐洲核子研究組織（CERN）的外觀
下　CERN的加速器通道

費米

恩里科・費米（1901 － 1954 年）／義大利

生於羅馬，二十四歲就當上羅馬大學的教授，並身兼理論物理學家和實驗物理學家兩種身分。費米因其成就，在 1938 年獲得諾貝爾獎。不過在出席完頒獎儀式後，費米與妻子勞拉並未返回義大利，而是直接逃亡到美國。在美國開發出核子反應爐，為核能的實用化貢獻良多。

預言微中子的存在

起於 β 射線的研究

輻射中的 β 射線的本質是電子，且已知這個電子，是原子核內的中子轉變成質子時放出的。然而，原子釋放 β 射線，發生 β 衰變的前後，能量卻沒有守恆，留下一個巨大的難題。

包立（1900 － 1958 年）由衰變前的中子電荷為零，衰變後的質子和電子的電荷總和也為零，推測在 β 衰變的時候，原子除了電子外，還釋放了一種幾乎沒有質量的電中性粒子。費米相信這個粒子的存在，並將之取名為。微中子的義大利文就是「小而中性的東西」。

費米假定在 β 衰變時，中子、質子、電子、微中子會在同一個點上發生交互作用。這個交互作用被物理學家稱為「費米交互作用」。費米提出的這個理論，將量子場論從電磁場的交互作用擴大到基本粒子的交互作用，具有重大意義。

花絮

「費米和核能開發」

比起替微中子命名，費米更有名的事蹟是發明了核子反應爐。

1934年，約里奧－居禮夫婦（瑪麗・居禮的女兒和女婿）成功利用 α 射線製造出人工的放射性物質。費米則想到可以用中子代替 α 射線，在羅馬大學中陸續創造出新的放射性物質。同時，他還發現在照射時若讓中子減速，還可以誘發核分裂。而這項發現，不論是福是禍，都推動了核能的實用化。

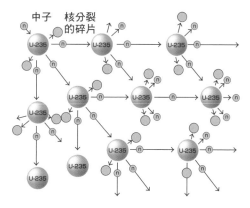

鈾的核分裂連鎖反應

「夸克與微中子」

今天已知中子是由兩個下**夸克**（p.163）和一個上夸克（p.163）組成，而質子是由一個下夸克和兩個上夸克所構成的。在 β 衰變時，中子裡的一個下夸克會變成上夸克，使中子轉變成質子，此時會釋放出電子和反微中子。所謂的反微中子，就是陽光和宇宙射線含有的普通微中子之反粒子。

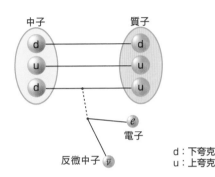

β 衰變

「微中子的捕捉方法」

因為微中子不帶電荷，所以幾乎不與其他物質反應。事實上，每秒鐘都有數百兆個從宇宙飛來的微中子穿過我們的身體，但它們卻非常難被觀察。儘管如此，因為微中子的數量非常多，所以各國的研究團隊都在努力想辦法捕捉它們，例如建造在飛驒廢棄礦坑中的神岡探測器便是其中之一（p.165）。這裡，我們稍微說明一下捕捉微中子的方法。

首先，把探測器建造在廢棄礦坑中的理由，是因為宇宙射線中含有很多種粒子，所以才把探測器建造在只有我們想觀測的微中子能夠穿透的地底深處（地下一千公尺）。

微中子有極低的機率會撞上其他物質，把物質中帶電粒子撞出來。而在**超級神岡探測器**中裝有五萬噸的水，以此等待微中子撞上水中的電子或原子核。被撞飛的粒子，移動速度比光在水中的速度更快，因此會放出一種**契忍可夫輻射**。契忍可夫輻射的行進方式跟音速的震波相同（p.78）。安裝在水槽牆面的光電倍增管會捕捉契忍可夫輻射，然後分

析它的行進方向、位置、粒子的種類等資訊，間接得到微中子的資訊。

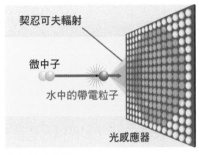

微中子和水的反應

15

基本粒子

蓋爾曼

默里・蓋爾曼（1929－2019年）／美國

生於美國曼哈頓，十五歲就考進耶魯大學，十九歲從大學畢業。二十二歲在MIT取得博士學位，二十三歲便在芝加哥大學找到工作。之後埋頭於基本粒子的研究，1964年提出夸克模型。因夸克模型對基本粒子的分類和交互作用具有巨大貢獻，蓋爾曼也在1969年獲得諾貝爾獎。

提出夸克的概念

想出夸克模型

直到1960年代初期，世界各地建造了很多台粒子加速器，陸續發現了許多新粒子。因此，這段時間科學界也出現了很多有關終極粒子的模型。例如坂田昌一提出了以 λ 粒子和質子、中子這三種粒子為基本粒子的「坂田模型」。然而，後來又發現坂田模型中存在無法自圓其說的矛盾，因此蓋爾曼便想出了以三種新粒子為基本粒子的「夸克」模型。同一時期，猶太裔科學家喬治・茨威格（1937年－）也想出了同樣的模型。

蓋爾曼採納了坂田模型的概念，並解決了坂田模型的問題。坂田模型和夸克模型的差異，在於夸克模型把基本粒子設定為比已知的強子（p.164）更低一級的粒子。蓋爾曼認為強子是由比強子更低一級的基本粒子「夸克」組成的粒子，並把眾多強子的特性、性質漂亮地做了系統性整理。此外，蓋爾曼還提出了代表夸克量子數的「色荷」概念，並用因色荷混合而生成和湮滅的規範玻色子的交換，來詮釋夸克構成原子核的力——也就是強交互作用，建立了量子色動力學。

從三種變成六種

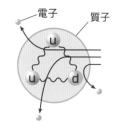

電子以接近光速的高速撞上質子。電子的軌道會被u（上夸克）吸引，並被d（下夸克）排斥。

圖1　用電子尋找夸克的概念圖

夸克的種類 每種夸克都存在反粒子(反物質)

符號	粒子名	質量	電荷	自旋	壽命
d	上夸克	4.8 MeV/c²	−1/3	1/2	自然界中不單獨存在。以 2～ 3 個結合為強子存在。
u	下夸克	2.3 MeV/c²	+2/3	1/2	
s	奇夸克	95 MeV/c²	−1/3	1/2	
c	魅夸克	1.275GeV/c²	+2/3	1/2	
b	底夸克	4.18GeV/c²	−1/3	1/2	
t	頂夸克	173.07 GeV/c²	+2/3	1/2	

※根據理化學研究所官網資料　※ 1MeV/c²=1.78×10⁻³⁰kg
　　　　　　　　　　　　　　　1 GeV/c²=[1MeV/c²]×10³

夸克可分為上夸克、下夸克、以及奇夸克，而它們三個都有各自的反粒子。例如質子是兩個上夸克和一個下夸克組成，中子是一個上夸克和兩個下夸克組成，這個在p.161介紹過。

目前，夸克的種類除了上、下、奇之外，還增加了魅、底、頂，一共有六個種類。

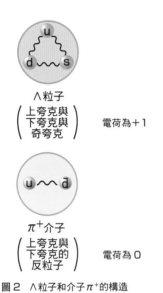

Λ粒子
（上夸克與
下夸克與
奇夸克）　　電荷為＋1

π⁺介子
（上夸克與
下夸克的
反粒子）　　電荷為 0

圖2　Λ粒子和介子π⁺的構造

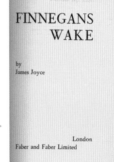

詹姆斯・喬伊斯的著作『芬尼根的守靈夜』之封面

夸克的名字來自『芬尼根的守靈夜』

　　「夸克」這個字的出處，是愛爾蘭前衛文學作家詹姆斯・喬伊斯的長篇小說『芬尼根的守靈夜』其中一節之 "Three quarks for Muster Mark"「給馬斯特・馬克來三個夸克！」這句話。這裡的「夸克」除了有海鷗叫聲的意思外，也有quarts＝一杯酒的雙關。

　　換言之，這句話其實是把「給馬克來三杯酒」，故意寫成「給馬克三個呱（夸克）」，把「一杯酒」諧音成不能喝酒的海鷗之叫聲，隱喻即便喝了酒也解決不了任何事。

　　因為蓋爾曼認為基本粒子應該也有三種，就順便把基本粒子也取名為「夸克」。

　　從這個故事就能清楚知道，「芬尼根的守靈夜」也是一本理解難度與基本粒子理論不相上下而聞名的前衛文學，所以用「夸克」當成基本粒子的名字，可說是再恰當不過了。

15

基本粒子

認識基本粒子研究的大型設施

包含為了觀測從天而降的宇宙射線中之基本粒子，而建造的神岡探測器，以及加速粒子撞擊其他粒子，用來找出基本粒子的粒子加速器，基本粒子的研究中不能沒有這些大型研究設施。

基本粒子

基本粒子可分為構成物質的物質粒子，以及負責傳遞力的規範玻色子。規範玻色子是力的媒介。一般認為基本粒子，的內部不具備結構。

物質粒子依照每種粒子的性質，可如下表所列分成三個世代。

負責傳遞重力的重力子目前仍未被發現。而負責賦予質量的希格斯玻色子也還在進一步研究中。

強子（複合粒子）…夸克的複合體

長久以來，科學家都以為強子是種不具內部結構的基本粒子，但現代的理論則認為，強子是由前面介紹過許多次的夸克組合而成。強子家族包含質子、中子（p.161）、Λ（lambda）粒子、π介子（p.163）。

宇宙射線中的基本粒子

所謂的宇宙射線，乃是在宇宙空間中到處穿梭的極微小粒子之總稱。一次宇宙射線指的是來自地球大氣層外的射線。而一次宇宙射線撞到大氣層後產生的粒子則叫二次宇宙射線。下圖描繪的便是宇宙射線在大氣層中不斷分支的情形。

物質粒子

	第1世代	第2世代	第3世代
夸克	*u* 上夸克(u)	*c* 魅夸克(c)	*t* 頂夸克(t)
	d 下夸克(d)	*s* 奇夸克(s)	*b* 底夸克(b)
輕子	*e* 電子	*μ* 緲子	*τ* τ子
	νe 電微中子	*νμ* 緲微中子	*ντ* τ微中子

基本力媒介的規範玻色子

作用強交互力	膠子
電磁力	光子
作弱交互用力	W玻色子　Z玻色子

※弱交互作用力可使粒子彼此相黏

希格斯玻色子

希格斯玻色子

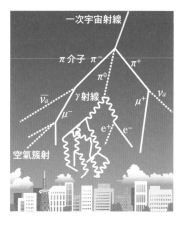

一次宇宙射線
π介子 π⁻　π⁺
π⁰
γ射線
$\overline{\nu_\mu}$
μ⁻
μ^+
ν_a
e⁺　e⁻
空氣簇射

π^+, π^-, π^0：π介子

μ^+_μ, μ^-_μ：緲子

ν_μ：緲微中子

e⁺：正子
e⁻：電子

宇宙射線中的微粒子概觀

神岡探測器

1983年，為了觀測來自太陽的微中子，日本在岐阜縣神岡町（當時）的神岡礦山地下，建造了名為神岡探測器的實驗設備。設備的水槽內裝有三千噸的純水，水槽壁上安裝著一千支可感應微中子通過時發出之輻射的高感度光電倍增管。

1987年，小柴昌俊等人用這台裝置，成功偵測到了因大麥哲倫星雲的超新星爆發而飛來地球之微中子。

而從神岡探測器改良而來的超級神岡探測器，也在1998年由梶田隆章等人，觀測到了大氣中產生的微中子，並發現了可證明微中子具有質量的微中子振動現象，於1999年獲得驗證。

因為以上功績，小柴在2002年，梶田在2015年雙雙獲得諾貝爾獎。

超級神岡探測器內部，整齊排列的光感測器閃耀著金光。照片由朝日新聞社提供。

高能加速器研究機構

等待要觀測的基本粒子從天而降，很大程度上得靠運氣，不僅曠日廢時，能取得的資料也不多。因此，科學家想出了用人力創造基本粒子的粒子加速器。其原理是用電壓加速電子和質子等帶電的粒子，用高速撞擊其他粒子，藉此產生各種不同的基本粒子。

要讓電子和質子加速到超高速，需要好幾億伏特的高壓電。為此，科學家想出了利用磁鐵彎曲電子和質子的前進路線，使其不斷繞圈，每繞一圈就慢慢提高電壓來加速的方法。

然而根據相對論，粒子的速度愈快，質量也會變得愈大，愈來愈難使其轉彎。同時，帶電粒子以高速進行圓周運動時會釋放電磁波，因而失去能量。所以，為了盡可能讓粒子的運動軌道接近直線，就必須加大圓周運動的半徑。因此粒子的加速器的半徑，漸漸變得跟一座城市一樣大，建造在瑞士日內瓦的大型粒子對撞機全長就高達27公里，只比山手線的34.5公里略小一些。

1997年於日本茨城縣筑波市成立的高能加速器研究機構，在2003年由三田一郎等人的團隊，使用一台能大量生成一種名為B介子的新粒子的加速器「B－factory」發現了B介子的CP破缺。所謂的CP破缺，指的是粒子在衰變時生成的粒子和反粒子數量不對等之現象。

1973年，小林誠和益川敏英針對當時被認為只存在三種的夸克，提出「如果夸克有六種的話，那麼不用改寫現有的理論也能自然地導出CP破缺」的想法，發表了今天被稱為「小林－益川理論」的概念。B－factory發現的CP對稱性證實了「小林－益川理論」，而兩人也在2008年拿到諾貝爾獎。另外，在用高能加速器研究機構的加速器向神岡發射微中子，讓超級神岡探測器捕捉的實驗中，也證明了微中子振動的存在。

對小林誠和益川敏英拿到諾貝爾獎貢獻巨大的探測器「貝爾」之繼任者——「貝爾II」正在準備安裝的情景（2017年）。照片由朝日新聞社提供。

日本科學家的活躍，湯川秀樹與坂田昌一

湯川因發現介子拿到諾貝爾獎，為戰敗後的日本帶來巨大喜訊

日本第一位拿到諾貝爾物理學獎的人，是提出了微粒子之一的介子存在之湯川秀樹（1907 － 1981年）。湯川的父親是一位地質學家，他從京都大學理學部物理系畢業後，進入大阪大學就職。湯川研究了原子核中將質子和中子牢牢鎖在核中的力之後，預言了負責傳遞這種力的新粒子存在，在1935年發表了「關於基本粒子的交互作用」這篇論文。

造訪過日本的波耳，當時曾半開玩笑地挖苦湯川「你真的很喜新粒子呢」。不過在1937年，科學家在宇宙射線中，發現了與湯川預言的粒子質量幾乎相同的粒子，使湯川理論一下子便引起關注。

儘管之後科學家發現那種粒子，其實是另一種叫緲子的粒子，但後來在1947年，真的在宇宙射線中發現了湯川預言的 π 介子。

1949年，湯川拿到諾貝爾獎，為身為戰敗國的日本帶來巨大喜訊，吸引日本優秀的物理學家開始研究基本粒子，一如本章引言說過的，做出了卓越的貢獻。

從瑞典王子（當時）古斯塔夫六世‧阿道夫手中接下諾貝爾物理學獎的湯川秀樹（右）。攝於1949年12月10日，斯德哥爾摩。照片由朝日新聞社提供。

「對日本的粒子研究貢獻最大的人」

坂田昌一（1911 － 1970年）生於東京，從京都大學畢業後便進入理化學研究所，接受朝永振一郎的指導。後來，他當上大阪大學的助理教授，成為湯川的介子論論文之共同作者。

後來坂田成為名古屋大學的教授，認為湯川設想的核力起源的介子，與最初在宇宙射線中發現的介子其實是不同粒子，提出「雙介子理論」。最後也如左述證明他是正確的。

另外，坂田還構築了給予朝永的「重整化理論」靈感之場論。

但坂田一生最偉大的成就，當屬坂田模型。坂田根據蓋爾曼和兩位日本人提出的「蓋爾曼－西島關係」（註：中文和英文習稱Gell － Mann（蓋爾曼）–Nishijima（西島） formula，但日文習稱中野‧西島‧ゲルマン（蓋爾曼）法則），提出強子（p.164）是由三種基本粒子（質子、中子、Λ 粒子）及其反粒子組合而成的坂田模型。坂田認為強子之所以會遵循「蓋爾曼－西島關係」，是因為組成強子的基本粒子依循該定律。如同p.162所述，坂田模型後來成為夸克模型的基礎。

坂田十分讚揚武谷三男（1911 － 2000年）的「三階段論」，採取了以唯物論為依據的獨特研究方法。具體而言，這個理論認為「形的邏輯」背後存在一個被稱為「物」的實體，並深入探究了「物的邏輯」。坂田模型便是誕生自這樣的研究思想。換言之，他認為在「蓋爾曼－西島關係」這個「形」的背後，存在一個組成強子的基本粒子這種「物」。

與小林誠、益川敏英一同拿到諾貝爾獎的南部陽一郎，也在著作中表示自己是坂田和武谷哲學的信徒。

與原子研究有關的科學家

約前400年　　德謨克利特（前460前後－前370年） 提出原子的概念。

約前100年　　盧克來修（前95前後－前55年） 『物性論』

1803年　　約翰·道爾頓（1766 － 1844年） 提出原子論。

1827年　　羅伯特·布朗（1773 － 1858年） 發現布朗運動。

1860年　　詹姆斯·克拉克·馬克士威（1831 － 1879年） 提出氣體的分子運動理論。

1879年　　歐根·戈爾德斯坦（1850 － 1930年） 將真空放電中電子流命名為陰極射線。

1885年　　約翰·雅各布·巴耳末（1825 － 1898年） 發現氫原子光譜的巴耳末系。

1895年　　威廉·康拉德·倫琴（1845 － 1923年） 發現X射線。

1896年　　亨利·貝克勒（1852 － 1908年） 在鈾礦中發現輻射。

1897年　　J.J.湯姆森（1856 － 1940年） 確認電子的存在。

1898年　　皮耶（1859 － 1906年）和瑪麗（1867 － 1934年）·居禮夫婦 發現鐳、釙的天然輻射。

1859年　　古斯塔夫·羅伯特·克希荷夫（1824 － 1887年） 發現黑體輻射。

1900年　　**馬克斯·卡爾·恩斯特·路德維希·普朗克**（1858 － 1947年） 提出量子假說。

1904年　　長岡半太郎（1865 － 1950年） 提出原子的土星模型。

1905年　　阿爾伯特·愛因斯坦（1879 － 1955年） 發表狹義相對論、分子運動論、光量子假說三篇論文。

1908年　　尚·巴蒂斯特·佩蘭（1870 － 1942年） 在實驗中證實了愛因斯坦的分子運動理論。

1911年　　歐內斯特·拉塞福（1871 － 1937年） 確認了原子核的存在。

1913年　　**尼爾斯·亨里克·達維德·波耳**（1885 － 1962年） 提出波耳模型。

1923年　　德布羅意（1892 － 1987年） 引進物質波的概念。

1923年　　阿瑟·霍利·康普頓（1892 － 1962年） 發現康普頓效應。

1924年　　沃夫岡·包立（1900 － 1958年） 提出包立不相容原理。

1925年　　維爾納·海森堡（1901 － 1976年） 用矩陣力學解釋波耳模型。

1926年　　**埃爾溫·薛丁格**（1887 － 1961） 用波動方程式解釋波耳模型。

1927年　　維爾納·海森堡 提出不確定性原理。

1928年　　**保羅·阿德里安·莫里斯·狄拉克**（1902 － 1984年） 提出反粒子的存在。

1932年　　維爾納·海森堡 提出微粒子的自旋。

1932年　　詹姆斯·查兌克（1891 － 1974年） 發現中子。

1932年　　卡爾·戴維·安德森 發現正子。

1933年　　**恩里科·費米**（1901 － 1954年） 提出微中子的概念。

1934年　　湯川秀樹（1907 － 1981年） 引進介子的概念。

1948年　　朝永振一郎（1906 － 1979年）、施溫格（1918 － 1994年）、理察·菲利普斯·費曼（1918 － 1988年） 提出重整化理論。

1964年　　**默里·蓋爾曼**（1929 － 2019年） 提出夸克的概念。

創造歷史的科學家之名言⑤

向過去學習，為今日而生，對未來懷抱希望。重要的是，不要停止懷疑。

——阿爾伯特・愛因斯坦
（1879 － 1955 年）

高尚靈魂是世上任何權力都無法奪走的，它是最能帶來永恆喜悅的最高美德。

——馬克斯・普朗克
（1858 － 1947 年）

以為科學就是一切的人，肯定是個不成熟的科學家。

——湯川秀樹
（1907 － 1981 年）

參考文獻‧網站一覽

與全篇相關者

『從歷史人物認識物理定律事典（人物でよむ物理法則の事典）』米澤富美子 總編輯（朝倉書店，2015 年）

『現代科學思想事典（現代科学思想事典）』伊東俊太郎 編（講談社現代新書，1971 年）

『科學史技術史事典（科学史技術史事典）』伊東俊太郎 等 編（弘文堂，1983 年）

『近代科學的誕生 上‧下（近代科学の誕生 上‧下）』Herbert Butterfield 著，渡辺正雄 譯（講談社學術文庫，1978 年）

『中世紀到近代的科學史 上‧下（中世から近代への科学史 上‧下）』A‧C‧克龍比 著，渡辺正雄、青木靖三 合譯（コロナ社，1962 年）

『初期希臘科學—泰利斯到亞里斯多德（初期ギリシア科学—タレスからアリストテレスまで）』G‧E‧R‧勞埃德 著，山野耕治‧山口義久 譯（法政大學出版局，1994 年）

『科學的誕生 下 蘇格拉底以前的希臘（科学の誕生 下 ソクラテス以前のギリシア）』Andr'e Pichot 著，中村清 譯（せりか書房、1995 年）

『近代科學的源流（近代科学の源流）』伊東俊太郎 著（中央公論自然選書，1978 年）

『近代科學的源流 物理學篇 I,II,III（近代科学の源流 物理学篇 (I, II, III)）』大野陽朗 監修（北海道大学出版会，1977 年）

『科學的歷史 上—科學思想的主流（科学の歴史 上—科学思想の主なる流れ）』Stephen Finney Mason 著，矢島祐利 譯（岩波書店，1955 年）

『近代科學的足跡（近代科学の歩み）』Jack Lindsay 編，菅井準一 訳（岩波新書，1956 年）

『科學家人名事典（科学者人名事典）』科學家人名事典編集委員會 編（丸善，1997 年）

『Project 物理 1 運動的概念（プロジェクト物理 1 運動の概念）』渡邊正雄‧石川孝夫‧笠耐 監修（コロナ社、1977 年）

『Project 物理 4 光與電磁力（プロジェクト物理 4 光と電磁気）』渡邊正雄‧石川孝夫‧笠耐 監修（コロナ社，1982 年）

『Project 物理 5 原子模型（プロジェクト物理 5 原子のモデル』渡邊正雄‧石川孝夫‧笠耐 監修（コロナ社，1985 年）

『Project 物理 6 原子核（プロジェクト物理 6 原子核』渡邊正雄‧石川孝夫‧笠耐 監修（コロナ社，1985 年）

http://www.kanazawa-it.ac.jp/dawn/main.html 金澤工業大學圖書中心 選綜合索引
—改變世界的書「工學曙文庫」收藏 110 選—

第 1 章 力學之一（運動）〈亞里斯多德／伽利略／笛卡兒〉
第 2 章 大氣壓與真空〈托里切利／帕斯卡／格里克〉
第 3 章 力學之二（萬有引力）〈虎克／牛頓／卡文迪許〉

『新譯 丹尼曼大自然科學史 第 5 卷（新訳 ダンネマン大自然科学史 第 5 卷）』Friedrich Dannemann 著，安田德太郎 譯（三省堂，1978 年）

『世界名著 8 亞里斯多德（世界の名著 8 アリストテレス）』田中美知太郎 責任編集（中央公論社，1972 年）

『世界名著 21 伽利略（世界の名著 21 ガリレオ）』豐田利幸 責任編集（中央公論社，1973 年）

『世界名著 22 笛卡兒（世界の名著 22 デカルト）』野田又夫 責任編集（中央公論社，1967 年）

『世界名著 24 帕斯卡（世界の名著 24 パスカル）』前田陽一 責任編集（中央公論社，1966 年）

『世界名著 31 牛頓（世界の名著 31 ニュートン）』河邊六男 責任編集（中央公論社，1979 年）

『伽利略・伽利萊（ガリレオ・ガリレイ）』青木靖三 著（岩波新書，1965 年）

『牛頓（ニュートン）』島尾永康著（岩波新書，1979 年）

『磁石與重力的發現 1 ～ 3（磁石と重力の発見 1~3）』山本義隆 著（みすず書房，2003 年）

『費爾巴哈全集 第 5 卷 近代哲學史上（フォイエルバッハ全集 第 5 卷 近世哲学史上）』 路德維希・安德列斯・費爾巴哈 著，船山信一 譯（福村出版，1975 年）

『科學思想的歷史—從伽利略到愛因斯坦（科学思想の歴史—ガリレオからアインシュタインまで）』 Charles Coulston Gillispie 著，島尾永康 譯（みすず書房，1971 年）

『卡文迪許的一生—只留下成就的神祕科學家（キャベンティシュの生涯一業績だけを残した謎の科学者）』Pierre Lépine、Jacques Nicolle 著，小出昭一郎 譯（東京圖書，1978 年）

"Experimenta Nova (ut vocantur) Magdeburgica de Vacuo Spatio" Ottonis de Guericke Amsteldami (Amsterdam) 1672 年

『奧托・馮・格里克的研究課程及其特徵—與羅伯特・波以耳的比較—（オットー・フォン・ゲーリケの研究課程とその特徴 —ロバート・ボイルとの比較—）』松野修 著（鹿兒島大學生涯學習教育研究中心年報 卷 5 p.1-11）

『格里克與波以耳製作的空氣泵的構造—以及日本對格里克幫浦的複製—（ゲーリケとボイルが制作した空気ポンプの構造—及び日本におけるゲーリケのポンプの複製—）』松野修、吉川真司、上園志織 著（鹿兒島大學生涯學習教育研究中心年報 卷 6 p.1-16）

『從波以耳的真空實驗到豪克斯比的公開科學講座—1700 年代的教育方法改革—（ボイルの真空実験からホークスビーの公開科学講座へ—1700 年代における教育方法の改革—）』松野修 著(愛知縣立藝術大學紀要 No.47 2017 年)

『異貌的科學家（異貌の科学者）』小山慶太 著（丸善，1991 年）

『樹木高度的成長極限及其機制 Journal of the Japanese Forestry Society（日本林學會雜誌）90(6) 總論 420~430（樹高成長の制限とそのメカニズム Journal of the Japanese Forestry Society(日本林学会誌)90(6) 総説 420~430）』鍋嶋繪里、石井弘明 著（2008 年）

『美好實驗室系列 由粒子組成的世界（ワンダー・ラボラトリシリーズ 粒でできた世界）』結城千代子・田中幸 著（太郎次郎社エディタス，2014 年）

『美好實驗室系列 跳舞的空氣（ワンダー・ラボラトリシリーズ 空気は踊る）』結城千代子・田中幸著（太郎次郎社エディタス，2014 年）

『美好實驗室系列 摩擦的原理（ワンダー・ラボラトリシリーズ 摩擦のしわざ）』田中幸・結城千代子著（太郎次郎社エディタス，2015 年）

Clotfelter, B. E. (1987). "The Cavendish experiment as Cavendish knew it" American Journal of Physics 55: 210 - 213. http://doi.org/10.1119/1.15214.

Cavendish, Henry (1798), "Experiments to Determine the Density of the Earth", in MacKenzie, A. S., Scientific Memoirs Vol.9: The Laws of Gravitation, American Book Co., 1900, pp. 59 - 105 http://fnorio.com/0006Chavendish/Chavendish.htm

第 4 章 溫度〈塔斯卡尼大公斐迪南二世／攝爾修斯／克耳文男爵〉
第 5 章 熱力學〈瓦特／卡諾／焦耳〉

『新譯 丹尼曼大自然科學史 第 6 卷（新訳 ダンネマン大自然科学史 第 6 卷）』Friedrich Dannemann 著，安田德太郎 譯（三省堂，1978 年）

『實驗科學的精神（実験科学の精神）』高田誠二 著（培風館，1987 年）

『異貌的科學家（異貌の科学者）』小山慶太 著（丸善，1991 年）

『江戶科學古典叢書31 紅毛雜話・蘭腕摘芳（江戸科学古典叢書31 紅毛雜話・蘭腕摘芳）』菊池俊彦 解說（恒和出版，1980年）

『溫度概念與溫度計的歷史（温度概念と温度計の歴史）』高田誠二 著（熱測定學會雜誌 Netsu Sokutei 32(4) 162-168 2005年）

『日本農書全集 第35卷「蠶當計秘訣」（日本農書全集 第35巻「蚕当計秘訣」）』中村善右衛門 著，松村敏 翻譯・現代語 翻譯（農山漁村文化協會，1981年）

『近代養蠶業發展史（近世養蚕業発達史）』庄司吉之助 著（御茶水書房，1978年）

『教育與文化系列 第2卷「探究的足跡—霧中的先驅者們・日本科學家—」（教育と文化シリーズ 第2巻「探究のあしあと—霧の中の先駆者たち・日本人科学者—」）』結城千代子・田中幸 著（東京書籍，2005年）

『熱學思想史的發展 1～3（熱学思想の史の展開1~3）』山本義隆 著（筑摩學藝文庫，2008-2009年）

https://klchem.co.jp/blog/2010/12/post-1366.php

http://ocw.kyoto-u.ac.jp/ia/general-education-ip/introduction-to-statistical physics/html/kevin.html

（京都大學開放式課程網頁 2018年度教學大綱集「對於克耳文的「19世紀物理學兩大暗雲」的誤解」）

第6章 光之一（波的探究）〈牛頓／惠更斯／楊格〉
第7章 聲音〈傅立葉／都卜勒／馬赫〉

『話題源物理』伊平保夫 編集代表（とうほう，1977年）

『物理的概念 電與光（物理のコンセプト 電気と光）』Paul G. Hewitt 著，小田昭一郎 監修，黑星鈴一・吉田義久 譯（共立出版，1986年）

『少年少女世界的非科幻系列① 太空飛行70萬里／挑戰超音速（少年少女世界のノンフィクション① 宇宙飛行70万キロ／超音速にいどむ）』戈爾曼・季托夫、查克・葉格 著，福島正實 譯（偕成社，1964年）

spaceinfo.jaxa.jp/ja/christian_doppler.html

第8章 磁與電〈吉爾伯特／庫倫／高斯〉
第9章 電流〈伏打／安培／歐姆〉
第10章 電磁波〈法拉第／馬克士威／赫茲〉

『以電子學為中心的年代別科學技術史 第5版（エレクトロニクスを中心とした年代別科学技術史 第5版）』城阪俊吉 著（日刊工業新聞社，2001年）

『新譯 丹尼曼大自然科學史 第7卷、第9卷（新訳 ダンネマン大自然科学史第7巻、第9巻）』Friedrich Dannemann 著，安田德太郎 譯（三省堂，1978-1979年）

『磁石與重力的發現 1～3（磁石と重力の発見1~3）』山本義隆 著（みすず書房，2003年）

『黑格爾全集 2a 自然哲學 上（ヘーゲル全集2a自然哲学 上）』黑格爾 著，加藤尚武 譯（岩波書店，1998年）

『科學史的各截面—力學及電磁學的形成史（科学史の諸断面—力学及び電磁気学の形成史）』菅井準一 著（岩波書店，1950年）

『法拉第皇家研究院與孤獨的科學家（ファラデー王立研究所と孤独な科学者）』島尾永康 著（岩波書店，2000年）

『法拉第的一生（ファラデーの生涯）』Harry Sootin 著，小出昭一郎、田村保子 譯（東京圖書，1985年）

『世界名著 65 現代科學（世界の名著65 現代の科学）』湯川秀樹、井上健 責任編集（中央公論社，1973年）

『法拉第與馬克士威（ファラデーとマクスウェル）』後藤憲一 著（清水書院，1993年）

『馬克士威的一生—開創電力文明的天才（マクスウェルの生涯—電気文明の扉を開いた天才）』Vladimir Petrovich Kartsev 著，早川光雄・金田一真澄 譯（東京圖書，1976年）

『熱學思想的歷史發展1～3（熱学思想の史的展開1~3）』山本義隆 著（筑摩學藝文庫，2008-2009年）

『Ørsted og Andersen og guldalderens naturfilosofi』 Knud Bjarne Gjesing 著 KVANT, December 2013 - www.kvant.dk p.18-21

『看不見的武器—電信與資訊的世界史1851-1945（インヴィジブル・ウェポン—電信と情報の世界史 1851-1945）』Daniel R. Headrick 著，横井勝彦・渡辺昭一 監譯（日本經濟評論社，2013年）

https://www.sciencephoto.com/media/765120/view/gilbert-on-megnetism-1600
http://wdc.kugi.kyoto-u.ac.jp/stern-j/demagrey_i.htm
https://www.researchgate.net/publication/262995907_Carl_Friedrich_Gauss_-_General_Theory_of_Terrestrial_Magnetism_-_a_revised_translation_of_the_German_text
https://books.google.co.jp/books/about/Luftskibet_et_Digt.html?id=b3YWQEACAAJ&redir esc=y
https://padlet.com/lbo4/xleblf4srwso
https://www.miyajima-soy.co.jp/archives/column/kyoka26

第11章 原子的結構〈J.J.湯姆森／長岡半太郎／拉塞福〉
第12章 輻射〈倫琴／貝克勒／瑪麗・居禮〉
第13章 光之二（波粒二象性）〈愛因斯坦／康普頓／德布羅意〉
第14章 量子力學〈普朗克／波耳／薛丁格〉
第15章 基本粒子〈狄拉克／費米／蓋爾曼〉

『物理學天才傳上・下（物理学天才列伝 上・下）』William H. Cropper 著，水谷淳 譯（講談社，2009年）

『科學家為什麼不信神（科学者はなぜ神を信じるのか）』三田一郎 著（講談社，2018年）

『夸克粒子物理發展到了哪裡（クォーク素粒子物理はどこまで進んできたか）』南部陽一郎 著（講談社 Bluebacks，1998年）

『光和物質的奇妙理論 我的量子電動力學（光と物質のふしぎな理論 私の量子電磁力学）』理察・費曼 著，釜江常好、大貫昌子 譯（岩波現代文庫，2007年）

『探索失落的反世界粒子物理學 第16回「大學與科學」公開研討會演講收錄集（失われた反世界素粒子物理学で探る第16回「大学と科学」公開シンポジウム講演収録集）』三田一郎 編（クバプロ，2002年）

『發明發現物語全集4 原子・分子的發明發現物語（発明発見物語全集4 原子・分子の発明発見物語）』板倉聖宣 編（國土社，1983年）

『現代科學21 J.J.湯姆森 電子的發現者（現代の科学21 JJ.トムソン 電子の発見者）』喬治・湯姆森 著，伏見康治 譯（河出書房新社，1969年）

『長岡半太郎傳（長岡半太郎伝）』藤岡由夫 監修，板倉聖宣、木村東作、八木江里 著（朝日新聞社，1973年）

『霍金大見解：留給世人的十個大哉問與解答（ビッグ・クエスチョン）』史蒂芬・霍金 著，青木薫 譯（NHK出版，2019年）

『科學的歷史（科学の歴史）』島尾永康 編著（創元社，1978年）

創造歷史的科學家之名言

『改變時代的科學家名言（時代を変えた科学者の名言）』藤嶋昭 著（東京書籍，2011年）

『物理學天才列傳 上・下（物理学天才列伝 上・下）』William H. Cropper 著 水谷淳 譯（講談社，2009年）

索引

16劃以上

〈監修〉
藤嶋 昭（Fujisima Akira）

1942年生於東京。東京理科大學榮譽教授。工學博士。東京大學大學院博士課程結業。1967年使用氧化鈦成為全球第一個發現「光觸媒反應」的人，在化學界因「本多・藤嶋效應」而聞名。自1978年起先後擔任東京大學工學部助理教授、正教授，2003年升為東京大學名譽教授，2005年當上東京大學特別榮譽教授。2010年起任職東京理科大學校長，2018年任東京理科大學榮譽教授。2010年獲頒文化功勞者，17年獲得文化勳章。主要著作有『教えて！藤嶋昭先生　科学のギモン（教教我！藤嶋昭老師 科學大哉問）』（朝日學生新聞社）、『科学者と中国古典名言集（科學家與中國古典 名言集）』（同上）等。

〈著者〉
田中 幸（Tanaka Miyuki））

生於岐阜縣。晃華學園中學高中部教師。自上智大學理工學部物理學科畢業後，在企業從事發電廠設計工作。先後歷任慶應義塾高中、都立日比谷高中、西高中等學校的物理講師後，進入晃華學園中學高中部擔任教師。日本物理教育學會、物理教育研究會（APEJ）會員。東京書籍中學理科教科書執筆委員。NHK高中講座物理基礎製作協力。

結城 千代子（Yuuki Chiyoko）

生於東京。上智大學理工學部兼任講師。國際基督教大學大學院理科教育法碩士課程結業。筑波大學大學院生物系統研究科肄業。先後歷任國高中、埼玉大學、昭和大學等學校的物理講師後，現擔任上智大學兼任講師。曾任晃華學園瑪莉亞之園幼稚園園長。東京書籍中學理科、小學理科、小學生活科教科書執筆委員。前NHK高中講座物理基礎講師。著有科學企畫系列『ホット・ホッター＆ホットネス（熱、加熱器＆熱量）』（コロナ社）等作。

二人合著有『新しい科学の話（新科學故事 全6冊）』（東京書籍）、『探究のあしあと―霧の中の先 者たち 日本人科 者（探究的軌跡―迷霧中的先行者 日本科學家）』（東京書籍）、美好實驗室系列『粒でできた世界（粒子構成的世界）』（太郎次郎社エディタス）、『くっつくふしぎ（不可思議的聚合力）』（福音館書店）等。

JINBUTSU DE YOMITOKU BUTSURI
© MIYUKI TANAKA / CHIYOKO YUUKI / AKIRA FUJISHIMA 2020
Originally published in Japan in 2020 by The Asahi Gakusei Shimbun Company, TOKYO.
Traditional Chinese translation rights arranged with The Asahi Gakusei Shimbun Company TOKYO,
through TOHAN CORPORATION, TOKYO.

物理學家的科學講堂
理解科學家的思考脈絡，掌握世界的定律與真理

2021 年 9 月 1 日初版第一刷發行

著　　　者	田中幸、結城千代子	
監　　　修	藤嶋昭	
編輯委員會	藤嶋昭、田中幸、結城千代子、井上晴夫、菱沼光代、伊藤真紀子、角田勝則	
插　　　圖	舟田裕、松澤康行、佐竹政紀	
照　　　片	Alamy、iStock、PIXTA、其他於本文中標示	
譯　　　者	陳識中	
編　　　輯	魏紫庭	
美 術 編 輯	黃瀞瑢	
發 行 人	南部裕	
發 行 所	台灣東販股份有限公司	

　　　　　　＜地址＞台北市南京東路 4 段 130 號 2F-1
　　　　　　＜電話＞（02）2577-8878
　　　　　　＜傳真＞（02）2577-8896
　　　　　　＜網址＞ http://www.tohan.com.tw
郵 撥 帳 號　1405049-4
法 律 顧 問　蕭雄淋律師
總 經 銷　　聯合發行股份有限公司
　　　　　　＜電話＞（02）2917-8022

東販出版

國家圖書館出版品預行編目 (CIP) 資料

物理學家的科學講堂：理解科學家的思考脈絡，掌握
　世界的定律與真理/田中幸, 結城千代子著；陳識
　中譯. -- 初版. -- 臺北市：臺灣東販股份有限公司,
　2021.09
　178面；18.2×25.7公分
　譯自：人物でよみとく物理
　ISBN 978-626-304-842-3(平裝)

1.物理學 2.歷史 3.科學家

330.9　　　　　　　　　　　　　　　110012847